锅炉全自动软水处理
设备使用与维护

北京铁路局　编

中国铁道出版社

2014年·北　京

内容简介

本书为《锅炉全自动软水处理设备使用与维护》,全书共分五章,第一章锅炉水质处理基础知识;第二章锅炉的水质处理与分析;第三章水处理设备;第四章全自动软水处理设备简介;第五章全自动软水处理设备的使用与维护。

本书内容丰富、通俗易懂,适用于铁路从事锅炉相关人员岗前培训和在岗安全培训,也可作为干部、职工的自学用书。

图书在版编目(CIP)数据

锅炉全自动软水处理设备使用与维护/北京铁路局编. —北京:中国铁道出版社,2014.7
 ISBN 978-7-113-18904-4

Ⅰ.①锅… Ⅱ.①北… Ⅲ.①锅炉－软水器－使用方法②锅炉－软水器－维修 Ⅳ.①TK223.5

中国版本图书馆 CIP 数据核字(2014)第 147305 号

书　　名:锅炉全自动软水处理设备使用与维护
作　　者:北京铁路局　编

责任编辑:黄　璐　　编辑部电话:(路)021-73138　　电子信箱:tdpress@126.com
　　　　　　　　　　　　　　　　(市)010-51873138
封面设计:郑春鹏
责任校对:龚长江
责任印制:陆　宁　高春晓

出版发行:中国铁道出版社 (100054,北京市西城区右安门西街 8 号)
网　　址:http://www.tdpress.com
印　　刷:三河市华业印务有限公司
版　　次:2014 年 7 月第 1 版　　2014 年 7 月第 1 次印刷
开　　本:880 mm×1 230 mm　1/32　印张:4.875　字数:97 千
书　　号:ISBN 978-7-113-18904-4
定　　价:12.50 元

版权所有　侵权必究

凡购买铁道版图书,如有印制质量问题,请与本社读者服务部联系调换。电话:(010)51873174(发行部)
打击盗版举报电话:市电(010)51873659,路电(021)73659,传真(010)63549480

前 言

为进一步规范全自动软水处理设备使用和维护，提高软水设备操作人员技术业务素质，提升锅炉给水质量，保证锅炉运行安全，编者依据 GB/T 1576《工业锅炉水质》和 GB/T 18300《自动控制钠离子交换器技术条件》，并结合现场工作实际，组织编写了《锅炉全自动软水处理设备使用与维护》一书。

全书共分为五章，主要包括锅炉水质处理基础知识、水质处理与分析方法、水处理设备和全自动软水处理设备简介、全自动软水处理设备使用与维护等内容。本书采用章节形式编写，重点突出，通俗易懂，可操作性强，可作为锅炉水处理操作、管理人员技术业务培训教材，也可作为干部、职工自学用书。

本书由北京铁路局职工教育处、机务处组织编写，修少鹏、何剑主编。侯国俊、杨婷、于飞、刘慧兰、张鑫、张立所、吴邦林、程云德、任佳栋、王远生等参加编写。全书经陈铮、马兰、邓洪、魏意民、韩志强、王永辉、李亮山、胡德庄、徐为民、王旭、方建国、王建信、郭伟明、李长发等集体审定。

书中不妥之处，敬请读者指正。

编者
2014 年 7 月

编委会

主　　任：高　峰

主　　审：张居才　陆长林

主　　编：修少鹏　何　剑

编审人员：陈　铮　马　兰　王　旭
　　　　　方建国　王永辉　魏益民
　　　　　李亮山　张立所　王远生
　　　　　胡德庄　程云德　徐为民
　　　　　任佳栋　王建信　吴邦林
　　　　　郭伟明　侯国俊　刘慧兰
　　　　　杨　婷　于　飞　张　鑫
　　　　　李长发

责任编审：邓　洪　韩志强

目　　录

第一章　锅炉水质处理基础知识 …………………… 1
　第一节　化学基础知识 …………………………………… 1
　第二节　天然水与锅炉用水 …………………………… 18
　第三节　水垢的形成与防止 …………………………… 26
　第四节　锅炉的排污 …………………………………… 31

第二章　锅炉的水质处理与分析 …………………… 35
　第一节　锅炉水处理的目的与要求 …………………… 35
　第二节　锅炉水质指标概述 …………………………… 39
　第三节　常用水质指标分析方法 ……………………… 48

第三章　水处理设备 …………………………………… 60
　第一节　离子交换树脂概述 …………………………… 60
　第二节　离子交换树脂的使用与存放 ………………… 75
　第三节　钠离子交换设备 ……………………………… 83

第四章　全自动软水处理设备简介 ………………… 92
　第一节　全自动软水处理设备的组成和分类 ………… 92
　第二节　全自动软水处理设备的使用要求 …………… 97
　第三节　常见控制器及设置 …………………………… 102

第五章 全自动软水处理设备的使用与维护……………111

　第一节 全自动软水处理设备的使用………………………111
　第二节 全自动软水处理设备常见故障及排除…………121
　第三节 全自动软水处理系统的防腐措施………………124

附录：《自动控制钠离子交换器技术条件》………………130

第一章 锅炉水质处理基础知识

第一节 化学基础知识

一、物质及其化学表达式

(一)物理变化和化学变化

自然界的物质绝大部分是由分子组成,分子则又是由更小的微粒——原子组成。

只是改变了物质的状态,不改变分子组成的变化叫作**物理变化**。例如,水沸腾时变成蒸汽,受冻时结成冰,虽然水的形态发生了变化,但分子的组成始终没有变。这种分子组成不变通过物理变化所表现出来的性质叫作**物理性质**,如颜色、气味、密度、沸点、熔点、溶解性及形态等都是物质的物理性质。

如果物质的分子组成发生了变化,即产生了新的物质的变化就称为**化学变化**。例如,铁生锈、煤燃烧,变化后原来的物质变成了另外的物质。物质在化学变化中所表现出来的性质叫作**化学性质**。

(二)原子、离子、元素与相对原子质量

1.原子和离子

原子是化学变化中的最小微粒,由原子核和核外电子两部分组成。其中原子核由质子和中子组成,质子和中子的质量几乎相等,每个质子带一个单位的正电荷,中子不带电荷,所以原子核带正电荷;原子核外的电子数目与质子数相等,每个电子带一个单位的负电荷,因此原子显电中性。

在一定的条件下,原子有得到电子或失去电子以满足稳定结构的倾向,原子得到电子便成为带负电荷的微粒,称为**负离子**(或称阴离子);失去电子则成为带正电荷的微粒,称为**正离子**(或称阳离子)。

2. 元素

元素是核电荷数相同的一类原子的总称。

元素与原子的区别是:元素是一种总称,为不可数的,而原子则是可数的。例如,可以说水是由氢和氧两种元素组成,一个水分子由2个氢原子和1个氧原子组成。

3. 相对原子质量

由于原子的质量非常小,使用起来很不方便,实际应用中使用的是相对原子质量。以一个^{12}C的原子质量$1.9927×10^{-23}$ g 的 1/12 为标准,其他原子的质量与该标准的比值为原子的**相对原子质量**。

(三)分子、分子式与相对分子质量

1. 分子

分子是能够独立存在,并保持物质化学性质最小结构的微粒。每一种分子中含有的原子种类和数目是一定的,同种分子具有相同的组成、性质和质量,如果分子的组成发生了变化,则这种物质就变成了另一种物质,其性质和质量也随之而变化。

2. 分子式

分子式是用元素符号表示物质分子组成的式子,一个分子式就代表一种物质,必须正确书写。如,氢气分子式为H_2,

氧气分子式为 O_2、铁的分子式为 Fe、碳的分子式为 C、氧化铁分子式为 Fe_2O_3 等。

3. 相对分子质量

一个分子中各原子的相对原子质量的总和叫作**相对分子质量**。

(四)单质、化合物、化合价和原子团(根)

1. 单质

如果物质的分子是由同种元素组成的,则这种物质叫**单质**。根据单质的性质,又可分为金属单质和非金属单质两大类。

2. 化合物

如果物质的分子是由不同种元素组成的,则这种物质叫作**化合物**。化合物根据其组成和性质又可分为无机化合物和有机化合物两大类。

3. 化合价

元素在化合物中所带电荷数称为该元素的**化合价**。如氢的化合价为 $+1$ 价,氧的化合价为 -2 价。有些元素在不同的化合物中显示不同的化合价。如硫原子的化合价在硫化氢(H_2S)分子里是 -2 价,在二氧化硫(SO_2)分子里是 $+4$ 价,在硫酸(H_2SO_4)分子里则为 $+6$ 价。

4. 原子团(根)

有些原子(通常是不同的元素)常组合成不易分解,并带有电荷的原子团,在化学反应中,它们类似于化合物分子中的1个原子,这种原子团也叫作"根"。例如,H_2SO_4(硫酸)中的1个硫原子和4个氧原子形成硫酸根原子团。根在化合物中也显示一定的化合价,如硫酸根 SO_4^{2-}、碳酸根 CO_3^{2-}、硝酸根

NO_3^-、氢氧根 OH^-、铵根 NH_4^+ 等。

二、常见的化学反应类型

用元素符号和分子式来表示化学反应的式子叫作**化学方程式**。化学方程式表示了化学反应前后,反应物和生成物的质与量的关系,但反应前后各元素的原子总数和总质量并不变。化学反应的类型很多,下面主要介绍锅炉水处理工作中经常遇到的几种类型。

1. 置换反应

单质的原子代替化合物分子中另一种原子的化学反应,叫作**置换反应**。置换反应是一种单质跟另一种化合物反应生成另一种单质和另一种化合物的反应。例如,铁受到盐酸腐蚀的反应:

$$Fe + 2HCl = FeCl_2 + H_2 \uparrow$$

2. 化合反应

由两种或两种以上的物质互相化合生成一种新的物质,叫作**化合反应**。例如,生石灰(CaO)和水反应生成熟石灰:

$$CaO + H_2O = Ca(OH)_2$$

3. 分解反应

由一种物质分解成两种或两种以上的新物质,叫作**分解反应**。例如,原水中的碳酸盐硬度,进入锅炉后受热分解:

$$Ca(HCO_3)_2 \xrightarrow{加热} CaCO_3 \downarrow + CO_2 \uparrow + H_2O$$

$$Mg(HCO_3)_2 \xrightarrow{加热} Mg(OH)_2 \downarrow + 2CO_2 \uparrow$$

4. 复分解反应

由两种化合物互相反应,彼此交换成分,生成两种新的化合物,叫作**复分解反应**。对于复分解反应来说,只有当产物中至少有一种物质是沉淀或气体或水时,反应才能进行得比较完全。例如,碳酸钠与氯化钙反应,生成碳酸钙沉淀的反应:

$$CaCl_2 + Na_2CO_3 = 2NaCl + CaCO_3 \downarrow$$

5. 氧化还原反应

在化学反应过程中,如果参加化学反应的元素的化合价发生了改变,这类反应称为**氧化还原反应**。其反应的实质是由于参加反应的物质间发生了电子转移。例如,中、低压锅炉常用亚硫酸钠来除氧的反应:

$$2Na_2SO_3 + O_2 = 2Na_2SO_4$$

在氧化还原反应中,物质失去电子的过程叫作氧化,获得电子的过程叫作还原,氧化和还原这两个过程是同时发生的,得失电子的总数也总是相等的。在反应中,失去电子使化合价增高的物质,叫作还原剂(本身被氧化);获得电子使化合价降低的物质,叫作氧化剂(本身被还原)。在上述反应中,亚硫酸钠为还原剂,氧为氧化剂。

三、常见物质的一般化学性质

在锅炉水处理、锅炉化学清洗及水质分析中,常见的物质主要是酸、碱、盐、氧化物及络合物等,下面分类进行介绍。

(一)酸及其化学性质

1. 酸的概念

(1)酸的定义:凡是在水溶液中电离出来的阳离子全部是H^+的化合物称为酸。

(2)酸的组成和命名:酸通常是由H^+与酸根阴离子组成。根据酸根中是否含有氧,将酸的组成分为无氧酸和含氧酸。

无氧酸一般由两种元素(即氢和一种非金属元素)组成。它的命名是在氢字后面加上另一种元素的名称,叫作氢某酸。如 HF 叫氢氟酸。但也有的习惯上称为某化氢,例如 H_2S 叫硫化氢、HCl 叫氯化氢(俗称盐酸)。

含氧酸一般由氢和含氧酸根组成,常见的含氧酸根如:SO_4^{2-}(硫酸根)、SO_3^{2-}(亚硫酸根)、NO_3^-(硝酸根)、CO_3^{2-}(碳酸根)、PO_4^{3-}(磷酸根)等,酸的名称就以组成酸根的元素名称来命名。如 H_2SO_4 叫硫酸、H_3PO_4 叫磷酸等。

2. 酸的分类

根据酸分子中可被置换的氢原子个数,可把酸分为一元酸、二元酸及三元酸。例如 HCl 和 HNO_3 只有一个可置换的氢原子,称为一元酸;H_2SO_4 和 H_2CO_3 有两个可置换的氢原子,称为二元酸;H_3PO_4 则是三元酸。

根据酸在水溶液中电离 H^+ 的能力,又可把酸分为强酸和弱酸。在水溶液中几乎能全部电离的称为强酸,如 HCl、HNO_3 和 H_2SO_4;难以电离的称为弱酸,如 H_2CO_3 等。此即表明,酸的酸性大小随着酸的电离度降低而减弱。

3. 酸的共性

由于酸在水溶液中都能电离出 H^+,所以酸类物质都具有一定的共性,主要表现在以下的化学性质上。

(1)能使酸碱指示剂变色。

酸溶液能使石蕊试纸显红色(石蕊试纸是一种遇到酸变红色,遇到碱变蓝色的酸碱指示剂),使甲基橙指示剂呈红色,酸遇酚酞指示剂不变色。

(2)与金属氧化物反应,生成盐和水。

如用盐酸清洗锅炉氧化铁垢的反应,就是利用这个性质:

$$Fe_2O_3 + 6HCl = 2FeCl_3 + 3H_2O$$

(3) 与碱发生中和反应,生成盐和水。

如用硫酸标准溶液标定氢氧化钠溶液的浓度,其反应为:

$$H_2SO_4 + 2NaOH = Na_2SO_4 + 2H_2O$$

(4) 与盐反应,生成新的酸和新的盐。

这类反应只有当反应结果有气体和水或沉淀产生,才能进行。如:

$$AgNO_3 + HCl = AgCl\downarrow + HNO_3$$

(5) 和较活泼的金属反应,生成盐和氢气(硝酸和浓硫酸除外)。

如用盐酸清洗锅炉时,若缓蚀剂缓蚀性能不好,就容易发生如下的反应:

$$2HCl + Fe = FeCl_2 + H_2\uparrow$$

(二) 碱及其一般化学性质

1. 碱的概念

(1) 碱的定义:凡是在水溶液中电离出来的阴离子全部是 OH^- 的化合物称为碱。

(2) 碱的组成和命名:碱一般由金属离子和氢氧根离子组成(除氨水外)。它通常是根据其与氢氧根化合的金属离子的名称来命名,叫作"氢氧化某"。如 NaOH 叫氢氧化钠,$Fe(OH)_3$ 叫氢氧化铁,$Fe(OH)_2$ 叫氢氧化亚铁。氨水是例外,它是一种弱碱,通常以 $NH_3 \cdot H_2O$ 分子形式存在,但在水中也能发生微弱的电离(电离成 NH_4^+ 和 OH^-)。

根据碱在水溶液中电离 OH^- 的能力,也可把碱分为强碱和弱碱。在水溶液中几乎能全部电离的称为强碱,如 NaOH、KOH 和 $Ba(OH)_2$;难以电离的称为弱碱,如 $NH_3 \cdot H_2O$(氨水)等。因此,碱性的大小也是随着碱的电离度降低而减弱。

2. 碱的共性

由于碱在水溶液中都能电离出 OH^- 所以碱类物质也都具有一定的共性,其主要表现为以下的化学性质。

(1)能使酸碱指示剂变色。

碱溶液能使石蕊试纸显蓝色,使甲基橙指示剂变黄色,遇酚酞指示剂变红色。

(2)能与非金属氧化物反应,生成盐和水。

例如,采用熟石灰作软化降碱处理时,石灰乳可与水中的二氧化碳反应,从而起到降碱的作用:

$$Ca(OH)_2 + CO_2 = CaCO_3\downarrow + H_2O$$

又如,装强碱溶液的瓶子或滴定管不能用玻璃塞,否则会由于碱与玻璃中的二氧化硅发生如下反应,而使塞子打不开或无法转动。

$$2NaOH + SiO_2 = Na_2SiO_3 + H_2O$$

(3)与酸发生反应,生成盐和水。

例如,锅炉水垢中的氢氧化镁用盐酸清洗的反应:

$$Mg(OH)_2 + 2HCl = MgCl_2 + 2H_2O$$

(4)与盐反应,生成新的碱和新的盐。

例如,采用熟石灰作软化降碱处理时,石灰乳与水中的碳酸盐硬度反应,从而起到既软化又降碱的作用:

$$Ca(OH)_2 + Ca(HCO_3)_2 = 2CaCO_3\downarrow + 2H_2O$$

另外,碱类的水溶液都具有涩味和滑腻感。

(三)盐及其一般化学性质

1. 盐的概念

(1)盐的定义。凡是电离时生成金属阳离子和酸根阴离子的化合物叫作盐。

(2)盐的分类、组成和命名:根据盐的组成不同,可把盐分为正盐、酸式盐、碱式盐、复盐等。

①正盐:在分子中只含有金属原子和酸根的盐叫正盐。其命名由酸根名称和金属离子名称组成,如:$CaCO_3$ 叫碳酸钙,食盐中的主要成分 $NaCl$ 叫氯化钠。

②酸式盐:在分子中除含有金属原子和酸根外,还含有一个或几个能被金属原子置换的氢原子的盐叫酸式盐。其命名是在酸根名称和金属离子名称中间加"氢",如:$Ca(HCO_3)_2$ 叫碳酸氢钙,NaH_2PO_4 叫磷酸二氢钠。

③碱式盐:在分子中除含有金属原子和酸根外,还含有一个或几个氢氧根的盐叫碱式盐。它的命名是在其正盐的名称前加"碱式"两字,如 $Mg(OH)Cl$ 叫碱式氯化镁。

④复盐:由两种不同的金属离子和酸根组成的盐叫复盐。如 $KAl(SO_4)_2$ 叫硫酸铝钾(俗称为明矾)。

2.盐的一般化学性质

(1)与酸反应生成新的盐和新的酸(见酸的化学性质)。

(2)与碱反应生成新的盐和新的碱(见碱的化学性质)。

(3)与另一种盐反应,生成两种新的盐。

例如低压锅炉常用碳酸钠作防垢剂,除去硬度,其反应为:

$$CaCl_2 + Na_2CO_3 = CaCO_3 \downarrow + 2NaCl$$

(4)与金属作用生成新的盐和新的金属。

例如,中、高压锅炉的给水应严格控制铜离子的含量,否则水中的铜盐将会对金属铁发生如下的腐蚀反应:

$$Fe + CuCl_2 = FeCl_2 + Cu \downarrow$$

实验证明,并不是所有的金属都会发生这种置换反应,事实上只有排在金属活泼性顺序表前面的金属,才能把排在它后面的金属从其盐溶液中置换出来,反之则不会发生反应。

(四)氧化物及其一般化学性质

氧化物是由氧与另一种元素组成的化合物。根据氧化物的化学性质不同,可分为酸性氧化物、碱性氧化物、两性氧化物及惰性氧化物。

1. 酸性氧化物

凡能与碱反应生成盐和水的氧化物,称为酸性氧化物。大多数非金属氧化物为酸性氧化物,如 CO_2、SO_3、SO_2、SiO_2 等。

大多数酸性氧化物能和水化合生成相应的含氧酸,例如

$$SO_3 + H_2O = H_2SO_4$$

2. 碱性氧化物

凡能与酸反应生成盐和水的氧化物,称为碱性氧化物。大多数金属氧化物为碱性氧化物,并为固体。如 Na_2O、CaO、MgO 等。

碱性氧化物中只有活泼金属的氧化物才能与水直接化合生成相应的碱,例如:

$$Na_2O + H_2O = 2NaOH$$

3. 两性氧化物

既能与酸反应又能与碱反应生成盐和水的氧化物称为两性氧化物。如 Al_2O_3、ZnO 等,与酸、碱的反应如:

$$ZnO + 2HCl = ZnCl_2 + H_2O$$

$$ZnO + 2NaOH = Na_2ZnO_2 + H_2O$$

4. 惰性氧化物

既不能与酸反应也不能与碱反应的氧化物称为惰性氧化

物。如 CO、NO 等。

(五)络合物及其一般化学性质

1. 络合物的概念

由一个简单的阳离子(称为中心离子)与一定数目的中性分子或阴离子(称为配位体)以配位键结合而成的复杂离子或分子叫络离子或络合分子;络合分子或含有络离子的化合物叫络合物。通常也把络离子叫作络合物,二者并未加严格区别。

作配位体的物质也称络合剂,与中心离子以配位键结合的配位体的数目称配位数。不同的络合物在水溶液中的稳定性不同,其稳定性常以"稳定常数"表示。

络合物的组成可分为内界与外界两部分:内界就是中心离子(或原子)与配位体所组成的络离子,常用方括号括起来;与络离子化合的,即方括号以外的为外界。例如,在 $[Cu(NH_3)_4]SO_4$(硫酸铜氨)中,$[Cu(NH_3)_4]^{2+}$(铜氨络离子)为内界,其中 Cu^{2+} 为中心离子,NH_3 为配位体,中心离子的配位数为 4;SO_4^{2-} 为外界。

2. 络合物与简单化合物的区别

由两种元素或离子组成的化合物称为简单化合物,如 HCl、H_2O、$CuSO_4$ 等。由简单化合物组成较复杂的化合物称为分子间化合物,也称分子加成物,如复盐 $K_2SO_4 \cdot Al_2(SO_4)_3 \cdot 24H_2O$(明矾)。虽然复盐分子看起来也较复杂,但它在水溶液中可完全电离成简单的 K^+、Al^{3+}、SO_4^{2-},其性质与简单化合物一样,因此不属于络合物。

络合物的性质与简单化合物完全不同。含络离子的络合物虽然也能电离成络离子与外界离子,但络离子在水溶液中则不易解离成简单离子,它通常以整个离子参加反应。不过当加入能与其形成更稳定络离子的络合剂时,则能使原来的络合物解离,同时形成新的络合物。例如,在 pH＝10 的条件下,往含有硬度的水中加入铬黑 T 指示剂(也是一种络合剂),钙镁离子便与铬黑 T 生成红色络合物,这时如往溶液中滴加 EDTA 络合剂,由于钙镁离子可与 EDTA 形成更稳定的无色络合物,因此当滴加的 EDTA 量与硬度的量相等时,也即钙镁离子全部与铬黑 T 解离而转为与 EDTA 络合,这时溶液便显示出铬黑 T 本身的蓝色。水中的硬度大小就是根据这一原理来测定的。

3. 络合物的应用

络合物的应用很广,在生产和科学研究中常利用络合反应进行滴定分析,如上例的硬度测定等。有些难溶物质也可用络合剂通过络合反应来溶解。如高压锅炉常用 EDTA 或柠檬酸作化学清洗剂,就是利用络合反应来安全地除去铁垢(锈)或氧化皮。在循环水系统中,常加入少量的六偏磷酸钠或三聚磷酸钠,也是利用它们与冷却水中的钙镁离子络合来防止系统结垢。

四、物质的量及物质的量的单位

(一)物质的量

由于分子和原子等粒子极其微小,无论何种化学反应,其参加的分子或原子数就可达数亿万个,为了研究和计算的方便,国际上规定了以阿佛加德罗常数为计数单位来表示物质多少的一个物理量,即"**物质的量**",常用符号 n 表示。用物质的量时应指定基本单元。基本单元可以是原子、分子、离子、电子及其他粒子,或是这些粒子的特定组合。例如硫酸的基

本单元可以是 H_2SO_4、$1/2\ H_2SO_4$、SO_4^{2-}、$1/2\ SO_4^{2-}$ 等。

如用 A 泛指基本单元,则将 A 写在量的符号右下角,如 n_A;若基本单元有具体所指,则应将代表单元的符号写于与量的符号齐线的括号中,如 $n(SO_4^{2-})$。

(二)物质的量的单位

物质的量 IS 计量单位是**摩尔**,符号为 mol,中文可简称为摩。国际上规定,如果某物质所含的基本单元粒子数目达到阿佛加德罗常数($6.022\ 045 \times 10^{23}$)时,该系统中物质的量即为 1 摩尔(mol)。

必须注意的是,凡使用摩尔为单位表示物质的量时,必须用元素符号、化学式或相应的粒子符号标明其基本单元。否则,表示的意思将含糊不清。例如,不能说"1 摩尔硫酸",因为这样的话"硫酸"的基本单元是"H_2SO_4",还是"$1/2\ H_2SO_4$"不明确,实际上两者相差一倍,即:

$$n(H_2SO_4)0.1\ mol = n(1/2\ H_2SO_4)0.2\ mol.$$

有时在实际应用中,感到摩尔单位太大,也常用毫摩尔或微摩尔表示,其符号分别为 mmol 和 μmol,其与 mol 换算如下:

1 mol = 1 000 mmol　　　1 mmol = 1 000 μmol

五、摩尔质量

每摩尔物质的质量叫做**摩尔质量**,单位为:g/mol(克/摩尔),用符号 M 表示。在数值上摩尔质量等于该物质相应的式量(即分子量、原子量、离子量等)。如上所述,凡是涉及"摩尔"概念的,都必须指明基本单元,故摩尔质量也必须指明基本单元。对于同一物质,规定的基本单元不同,其摩尔质量也就不同。例如:对于硫酸(H_2SO_4)来说,其相对分子质量为 98,则:

H_2SO_4 的摩尔质量 $M(H_2SO_4)=98$ g/mol。

而 $1/2\ H_2SO_4$ 的摩尔质量 $M(1/2\ H_2SO_4)=(98/2)$ g/mol$=49$ g/mol。

六、化学反应中等一价物质的量相等规则

从盐酸与碳酸钙的反应式 $CaCO_3+2HCl=CaCl_2+CO_2\uparrow+H_2O$ 可知，1 mol 的 $CaCO_3$ 需 2 mol 的 HCl 与其反应，但如果将碳酸钙以 $1/2\ CaCO_3$ 为基本单元，则 1 mol $1/2\ CaCO_3$ 正好可与 1 mol 的 HCl 反应，即：$n(1/2\ CaCO_3)=n(HCl)$。

因此，在化学反应中，为了计算方便，通常都将参加化学反应的物质以一价离子为基本单元。这样物质发生化学反应时，它们的物质的量都必定相等，我们称此为"等一价物质的量相等规则"。由此，只要知道了其中一个物质的量，就可方便地求出参与反应的其他物质的量。

七、溶液

(一) 溶质、溶剂和溶液

将食盐放入水中，食盐逐渐消失，成为均匀清澈的液体。我们把水称为溶剂，食盐称为溶质，食盐水称为溶液。一般说来，凡是能溶解其他物质的物质称**溶剂**；凡是被溶剂溶解的物质称**溶质**；溶质和溶剂组成的均匀体系称为**溶液**。水是最常用的溶剂，水溶液是一类最普遍最重要的溶液。通常不指明溶剂的溶液，就是水溶液。

(二) 溶解度

1. 溶解过程

当把固体溶质放入水中时，溶质表面的分子或离子，由于

本身不停地振动,并受到水分子的极性吸引,克服了溶质内部的分子间吸引力,离开溶质表面,通过扩散运动逐步地分散到水中,形成溶液,这个过程称为**溶解**。与此同时,溶解在溶剂中的溶质,在不停地运动中与未溶解的溶质碰撞,又可能被固体表面所吸引,从而重新回到固体表面,这个过程称为**结晶**。当溶液中溶质的量达到一定值时,结晶的速度等于溶解的速度,于是结晶和溶解处于动态平衡。

在一定温度下,溶解和结晶达到动态平衡的溶液称为**饱和溶液**。在一定温度下还能继续溶解溶质的溶液称为**不饱和溶液**。如果在一定温度下,溶液中所含溶质的量,超过该温度下饱和溶液中所含溶质的量,这种溶液称为**过饱和溶液**。过饱和溶液是一种不稳定状态,只要向其中投入一小粒溶质晶体(称为晶种),在很短时间内,所有过量的晶体都会析出来,这时过饱和溶液就转变为饱和溶液。有时轻微的振动、摇晃、用玻璃棒摩擦盛溶液的器皿壁等,也会破坏溶液的过饱和状态。

事实证明,在一定量的溶剂中,溶质所能溶解的量都是有限的,各种物质在溶剂中所能溶解的量也有较大的不同。一般认为,20 ℃时,在 100 g 水中能溶解 10 g 以上的物质叫作**易溶物质**;能溶解 1 g 以上的物质叫作**可溶物质**;溶解 1 g 以下,0.01 g 以上的物质叫作**微溶物质**;仅溶解 0.01 g 以下的物质叫作**难溶物质**。

2.溶解度

在一定的温度条件下,每 100 g 溶剂中最多可溶解的溶质克数,叫作这种溶质的**溶解度**。例如,在 20 ℃时,食盐(氯化钠)在水中最多可溶解 36 g,所以其溶解度为 36 g。

物质的溶解度不仅与溶剂的种类有关,而且还与温度有关。大多数固体物质在水中的溶解度随着温度的升高而增大,但气体和少数固体物质在水中的溶解度却是随着温度的升高而降低。例如,硫酸钙在常温下为微溶物质,但在高温的锅水中,其溶解度却随着温度的升高而很快下降,因此当给水中存在硫酸钙时,锅炉受热强度高的部位就容易结生硫酸盐水垢。又如,氧气的溶解度也随水温的升高而减小,当水温达到沸腾温度时,其溶解度为零。不过,气体在水中的溶解度还与气体的压力有关。

八、溶液浓度

在一定量的溶液(或溶剂)中,所含溶质的量称为**溶液的浓度**。浓度的表示方法有许多,下面主要介绍锅炉水处理工作中常用的几种浓度。

1. 质量分数浓度

溶液的浓度以溶质的质量与溶液总质量之比表示,称为**质量分数浓度**,常用符号 $w(\%)$ 表示。即:

$$w(\%) = \frac{溶质的质量}{溶液总质量} = \frac{溶质的质量}{溶剂的质量+溶质的质量} \times 100\%$$

2. 物质的量浓度

溶液浓度以单位体积的溶液中所含溶质的物质的量来表示,称为**物质的量浓度**,简称浓度,常用符号 $C(A)$ 表示(在化学中有时表示成[A]),括号中的"A"为基本单元。根据浓度的定义物质的量浓度可由下式表示:

$$C(A) = \frac{n_A}{V} = \frac{m}{M_A \times V}$$

式中:n_A——基本单元为 A 的物质的量,mol;

V——溶液的体积,L;

m——溶质的质量,g;

M_A——基本单元 A 的摩尔质量,g/mol。

物质的量浓度的 IS 单位为 mol/m^3,但常用的则是其导出单位 mol/L(摩尔/升)。有时当溶液浓度非常小时,也可用 mmol/L(毫摩尔/升)、μmol/L(微摩尔/升)表示。

物质的量浓度也必须指明溶质的基本单元。例如碳酸钠的浓度写成"0.1 mol/L 碳酸钠"是错误的,因为未指明基本单元。事实上 $C(1/2\ Na_2CO_3)$ 的浓度与 $C(Na_2CO_3)$ 的浓度是不同的:

$$C(1/2\ Na_2CO_3)0.1\ mol/L = C(Na_2CO_3)0.05\ mol/L$$

3. 质量浓度

质量浓度表示单位体积的溶液中含有溶质的质量多少,常用符号 ρ 表示,即:

$$\rho = \frac{溶质的质量}{溶液的体积} = \frac{m}{V}$$

质量浓度的 IS 单位为 kg/m^3,而常用的则是其导出单位:g/L(克/升)、mg/L(毫克/升,原也用 ppm 表示)、μg/L(微克/升,原也用 ppb 表示)。

4. 体积比浓度($X+Y$ 或以 $V_X:V_Y$ 表示)

这种浓度表示法只适用于溶质为液体的溶液。通常前面的数字代表浓溶液或纯溶质的体积份数;后面的数字代表溶剂的体积份数。例如 1+3(或 1:3)硫酸即表示此硫酸溶液由 1 份体积的浓硫酸与 3 份体积的水混合而成。

5. 滴定度(T)

滴定度是指:每毫升浓度一定的标准溶液(常称为滴定操

作溶液)中,所含有溶质的质量或相当于可与它反应的化合物或离子(即被测物质)的质量,常用符号 T_A(mg/mL)表示(A 为滴定度指定的物质)。例如,$T_{Cl^-}=1.0$ mg/mL 的氯化钠溶液,即表示每毫升该溶液中含有 1.0 mg Cl^-。而常用于测定水中 Cl^- 的 $T_{Cl^-}=1.0$ mg/mL 硝酸银标准溶液,则表示该硝酸银溶液 1 mL 正好可与 1.0 mg Cl^- 反应(注意:硝酸银溶液中并不含 Cl^-)。这样,根据硝酸银的消耗数即可得到水中 Cl^- 的含量。例如,水样测定氯离子含量时,若消耗了上述浓度的硝酸银标准溶液 12 mL,则水样中 Cl^- 的含量=1×12=12(mg)。

用滴定度 T_A 表示浓度时,T_A 与溶质及被测物质的关系也符合"等一价物质的量相等"规则,如上述中 Cl^- 的物质的量即等于氯化钠或硝酸银的物质的量。根据这一规则,若配制以滴定度表示浓度的溶液,可按式(1-1)计算:

$$\frac{T_A \times V}{M_A} = \frac{m_B}{M_B} \tag{1-1}$$

式中:T_A——欲配制溶液的滴定度,mg/mL;

V——欲配制溶液的体积,L;

M_A——滴定度指定的被测物质 A 的摩尔质量,g/mol;

m_B——欲配溶液的溶质 B 的质量,g;

M_B——溶质 B 的摩尔质量,g/mol。

第二节 天然水与锅炉用水

水是地球上分布最广的物质。存在于地球表面的江河、湖泊和海洋的水,称为地表水;存在于土壤和岩层内的水,称为地下水。地表水和地下水统称天然水。

天然水在大自然循环过程中,无时不与大气、土壤和岩石接触。由于水极易与各种物质混杂,并具有较强的溶解能力,所以任何水体都不同程度的含有多种多样的杂质。另外,工业废水、生活污水以及农田化肥的流失,排入水体,则使天然水中杂质更趋复杂。

天然水中杂质,按其颗粒大小,可分为三类:颗粒最大的称为悬浮物;其次称为胶体颗粒;最小的是分子和离子,称为溶解物。

一、悬浮杂质

1. 悬浮杂质的成分

悬浮物颗粒尺寸较大,是使水产生浑浊现象的主要原因。它在水中的状态受颗粒本身的质量影响较大。在动水中,由于水的紊流作用,常呈悬浮状态。在静水中,密度较大的颗粒在重力作用下容易自然下沉;密度较小的颗粒,可上浮水面。易于下沉的悬浮物,主要是颗粒较大的黏土、细砂以及矿物质废渣等杂质。能够上浮的一般是体积较大密度小于水的有机悬浮物。

2. 悬浮杂质的来源

天然水中的悬浮物,主要来源于以下三方面:

(1)水流对地表、河床的径流冲刷;

(2)各种废水、废弃物侵入水体;

(3)水生动植物及其死亡残骸的肢解。

3. 悬浮杂质的危害

含有悬浮杂质的给水,进入锅炉内,受热后很快下沉。尤其在水流缓慢的锅筒内和炉管的拐弯处,是悬浮杂质最容易沉积的部位。沉积的悬浮物不仅影响锅炉的传热和锅水循环,严重时可堵塞炉管,而造成被迫停炉。

悬浮杂质虽然在静水中可自行分离而去除,但需要一定的静止时间,这在工业用水中是很难做到的。所以,通常需向含有悬浮物的水中投加促进凝聚的药剂,以加快沉降速度。

二、胶体杂质

1. 胶体杂质的性质

天然水中的胶体是某些低分子物质的集合体。它具有较小的粒径和较大的比表面积,胶体颗粒的表面通常带有电荷,并大多带负电。

胶体颗粒在水中能长期保持分散状态,虽经长期静止也不会自然沉降。

胶体颗粒很小,很难用肉眼观察到。但它对光线具有散射作用,当光束通过胶体水中,在光路上就会呈现出一条明显的发亮光带。

2. 胶体杂质的成分

天然水中的肢体成分比较复杂,其中主要是由铁、铝和硅的氧化物形成的无视矿物胶体;其次是水生动植物胶体腐烂和分解而形成的有机胶体,它是使水体产生色、臭、味的主要原因之一。另外,水中溶解某些高分子物质(如腐殖质)和生长的微生物(如病毒和细菌),按它们的性质或肢体尺寸一般也属于胶体范围。

3. 胶体杂质的危害

胶体杂质进入锅内时,同悬浮杂质一样,能很快形成沉积物,并在受热面上结成水垢或泥渣粘附物。此外,有机胶体会引起锅水发泡。当浓缩到一定程度时,就会产生汽水共腾。去除水中的胶体杂质,必须用混凝、沉淀和过滤等处理方法。

三、气体杂质

天然水中气体杂质,多以低分子状态存在于水中。主要气体是氧气和二氧化碳气。个别地区有时也溶有少量的二氧化硫和硫化氢等气体。氮气也能少量的溶解在水中,但它对锅炉设备没有任何危害,所以无须论述。

1. 氧气 O_2

天然水中的 O_2,主要是由大气中的氧气溶解到水中,有的也部分来自水生植物的光合作用所产生的氧气。溶解在水中的氧气,简称为溶解氧。

地表水中溶解氧含量与水温、气压及水中有机物含量有关。

溶解氧对金属有着强烈腐蚀作用,所以对锅炉来说,溶解氧是一个十分有害的杂质。

2. 二氧化碳气 CO_2

天然水中都含有溶解的二氧化碳气体。它的主要来源是水体或土壤中的有机物质进行生物氧化时的分解产物。

天然水中溶解的二氧化碳,约99%呈分子状态,称为游离二氧化碳。仅有1%左右与水作用生成碳酸。这两部分的总量也称为游离碳酸。含游离碳酸较多的水,具有一定的酸性,这不仅对金属有腐蚀作用,同时还会加剧溶解氧对金属的腐蚀。所以,在锅炉用水和冷却水中含有二氧化碳都有较大的危害。此外,在水处理过程中有的反应也会产生二氧化碳,应注意加以去除。

四、离子杂质

天然水中的离子几乎都是无机盐溶于水后电离形成的。其中阳离子主要有 Ca^{2+}、Mg^{2+}、Na^+ 和 K^+,此外还含有少量的 Fe^{2+}、Mn^{2+}、NH_4^+ 等离子。阴离子主要有 HCO_3^-、SO_4^{2-} 和 Cl^- 三种,此外还含有少量 $HSiO_3^-$、CO_3^{2-} 及 NO_3^- 等离子。

1. 钙离子 Ca^{2+}

天然水流经含有石灰石 $CaCO_3$ 或石膏石 $CaSO_4 \cdot 2H_2O$ 的岩层时,$CaCO_3$ 和 $CaSO_4$ 溶解于水便产生 Ca^{2+} 离子。其中 $CaCO_3$ 溶解度虽然极小,但当水中有足够 CO_2 时,$CaCO_3$ 便按下式进行溶解:

$$CaCO_3 + H_2O + CO_2 \rightleftharpoons Ca^{2+} = 2HCO_3^-$$

由于地下水中 CO_2 含量较高,故地下水中 Ca^{2+} 含量通常高于地表水。

2. 镁离子 Mg^{2+}

白云石 $MgCO_3 \cdot CaCO_3$ 中 $MgCO_3$ 成分或菱镁矿 $MgCO_3$ 在有足够 CO_2 的水中溶解生成 Mg^{2+} 离子。

$$MgCO_3 + H_2O + CO_2 \rightleftharpoons Mg^{2+} + 2HCO_3^-$$

在一般天然水中,Mg^{2+} 含量比少,两者之比随岩层性质和水的含盐量而变化。通常低含盐量水中,Mg^{2+} 约为 Ca^{2+} 的 $1/2\sim1/4$。但在高含盐量水中(含盐量大于 1 000 mg/L 时),由于钙的碳酸盐和硫酸盐的溶解度比镁小,Ca^{2+} 离子将首先以 $CaCO_3$ 和 $CaSO_4$ 形式沉淀析出,从而使 Ca^{2+} 离子含量减少,Mg^{2+} 含量将与 Ca^{2+} 接近甚至超过 Ca^{2+}。在海水中,Mg^{2+} 离

子含量几乎比 Ca^{2+} 离子多 2~3 倍,在阳离子中,它的含量仅次于 Na^+ 离子。

3. 钠离子 Na^+ 和钾离子 K^+

钠盐广泛存在于自然界中,海相沉积岩中最多。绝大部分钠盐溶解度都很大,当天然水流经含钠盐土壤时,便溶解大量 Na^+ 离子。几乎各种天然水源中均含有 Na^+。低含盐量的淡水 Na^+ 含量较低,但对高含盐量的苦咸水,尤其是海水,由于钠、钾盐溶解度大于其他盐类,所以 Na^+ 含量远远高于其他阳离子。

钾离子在天然水中一般不多,但性质与 Na^+ 相似,因此在水分析时,通常以 $Na^+ + K^+$ 总量表示。

4. 铁离子 Fe^{2+}

水中的铁离子主要是 Fe^{2+},而 Fe^{3+} 因容易水解而生成难溶 $Fe(OH)_3$ 胶体物质,所以在水中不能游离存在。二价铁 Fe^{2+} 主要存在于地下水中,地表水含量极少,因地表水含有充足的溶解氧,Fe^{2+} 易被氧化成 Fe^{3+},继而水解生成 $Fe(OH)_3$。所以地表水只可能存在 $Fe(OH)_3$ 胶体物或某些高价有机铁。

5. 重碳酸根 HCO_3^-

重碳酸根主要来自水中 CO_2 与碳酸盐或金属氧化物反应的结果。部分来自 CO_2 本身的溶解。它是一般低含盐量水中含量最多的阴离子。但在高含盐量的水中,HCO_3^- 含量在阴离子中所占比例很少,因为它在 CO_2 含量有限的情况下,易转化为碳酸盐。

6. 硫酸根 SO_4^{2-}

硫酸盐在自然界分布也较广泛。当天然水流经硫酸盐(如石膏矿 $CaSO_4 \cdot 2H_2O$)岩层时,便溶解出少量的硫酸根。

在黄铁矿 FeS_2 的酸性矿水中,由于下列反应:
$$2FeS_2 + 7O_2 + 2H_2O = 2Fe^{2+} + 4SO_4^{2-} + 4H^+$$
而溶解出大量的 SO_4^{2-}。此外,含硫有机物经氧化分解也会产生 SO_4^{2-}。在中等含盐量的天然水中,SO_4^{2-} 含量较多,在低含盐量或高含盐量水中偏少。这是因为硫酸盐的溶解度一般大于碳酸盐而小于氯化物。

7. 氯离子 Cl^-

氯离子是天然水普遍存在的一种离子。这是由于水流经含有氯化物岩层时而溶入的。天然水中 Cl^- 含量相差悬殊,因氯化物的溶解度都很高,所以,它通常随着水的含盐量的增加而升高。在低含盐量水中 Cl^- 离子含量较少;在高含盐量水中(如苦咸水及海水等),Cl^- 往往是水中主要的阴离子。

如果天然水体受到污染时,上述水质特点将被破坏,水中的离子成分会有很大变化,这是值得注意的。

五、锅炉用水的分类及其特点

锅炉用水根据其部位和作用的不同,可分为以下几种。

1. 原水

原水也称生水,是指未经过处理的水。原水主要来自江河水,水库水,井水等天然水,有的也包括城镇自来水。原水中含有各种对锅炉有影响的杂质,必须经过一定的处理,才能供锅炉用。

2. 补给水

原水经过各种水处理工艺处理后,作为补充锅炉水汽损耗的水称为**补给水**。当给水系统无凝结水(回水),或者凝结水(回水)受污染不能回用时,补给水即为锅炉给水。

一般工业锅炉补给水通常采用除去硬度的软化处理,其补给水也称软化水(简称软水);中、高压及高压以上的锅炉补给水通常采用阴、阳离子交换或反渗透除盐处理,所以补给水也称为除盐水。

3. 给水

直接进入锅炉作蒸发或加热的水称为锅炉**给水**。给水通常由补给水、凝结水(回水)和疏水等组成。给水的质量往往直接关系到锅炉是否会产生结垢、腐蚀,而且也会影响蒸汽质量。通常锅炉压力越高,对给水的要求也越高。

4. 凝结水(回水)

锅炉产生的蒸汽或热水的热能被利用后,所回收的冷凝水或低温水通称为**回水**。

通常由蒸汽冷凝的回水(即凝结水)中杂质含量很低,水质较纯。提高给水中回水所占的比例,不仅可以改善给水水质,而且可以减少生产补给水的工作量,降低成本。另外,由于凝结水(回水)温度较高,回用作锅炉给水可以显著降低燃料消耗。因此,提高蒸汽冷凝水的回用率是一项节能、节水的有效措施。但如果蒸汽冷凝水在生产流程中受到了污染,就不宜直接回用作锅炉给水,而应经过相应处理,符合给水要求后才能使用。

5. 锅水

存在于锅炉中并吸收热量产生蒸汽或热水的水称为**锅水**。锅炉运行中,锅水不断地蒸发浓缩,当锅水中水渣较多,或者锅水浓缩到一定程度时,需要通过排污调节锅水水质,否则易造成锅炉受热面结垢,并影响蒸汽质量。

6. 排污水

为了除去锅水中的悬浮性水渣,降低锅水中的杂质含量,改善蒸汽质量并防止锅炉结垢,必须适量地从锅炉的一定部位排放掉一部分锅水,这部分排出的水称为**排污水**。

7. 冷却水

锅炉在运行中因某种需要,作冷却用的水称为**冷却水**,例如发电机组的凝汽器冷却水。

第三节　水垢的形成与防止

一、水质不良对锅炉危害的表现

水质不良对锅炉危害的表现主要有结垢、腐蚀、蒸汽质量恶化等。

1. 锅炉受热面结垢

当锅炉给水不良,尤其是给水中存在硬度物质,又未进行合适的处理时,在锅炉与水接触的受热面上会生成一些导热性很差且坚硬的固体附着物,这种现象称为结垢,这些固体附着物称为水垢。由于水垢的导热性只有金属的几百分之一,因此其生成后对锅炉的运行会带来很大的危害。例如:易引起金属局部过热而变形,进而产生鼓包、爆管等事故,影响锅炉安全运行;堵塞管道,破坏水循环;影响传热,降低锅炉蒸发能力,浪费燃料;产生垢下腐蚀,缩短锅炉使用寿命等。

2. 锅炉金属的腐蚀

锅炉水质不良还会引起金属的腐蚀,使金属构件变薄、凹陷,甚至穿孔。更为严重的是某些腐蚀会使金属内部结构遭到破坏,强度显著降低,以至于在毫无察觉的情况下,由于被腐蚀的受压元件已承受不了原设计的压力而发生恶性事故。锅炉金属的腐蚀不仅会缩短设备本身的使用期限,造成经济损失,而且由于金属腐蚀产物转入水中,增加了水中杂质,从而加剧了高热负荷受热面上的结垢过程,又会促进垢下的腐蚀,这样的恶性循环也会导致锅炉爆管等事故的发生。

3. 影响蒸汽质量

含有杂质的给水进入锅炉后,其浓度将随着锅炉的蒸发、浓缩而不断增大,当超过一定值后,就会在汽、水分界面处形成泡沫,使蒸发面成为蒸汽和泡沫的混合体,造成蒸汽大量带水,从而影响蒸汽质量。严重时,甚至会发生汽水共腾,不但恶化蒸汽质量,而且会影响锅炉安全运行。当锅水中含有油脂、有机物或碱度过高、水渣较多时,就更容易污染蒸汽质量。

二、水垢与水渣

(一)水垢与水渣的概念

原水如果不经过处理或水处理未达到要求就进入锅炉,运行一段时间后,锅炉水侧受热面上就会牢固地附着一些固体沉积物,这种现象称为**结垢**。受热面上粘附着的固体沉积物就称为**水垢**。在一定的条件下,固体沉淀物也会在锅水中析出,呈松散的悬浮状,称为**水渣**。水渣可随排污除去,但如果排污不及时,部分水渣将会在受热面上或水流流动滞缓的各个部位沉积下来,也会转化成水垢,这种由水渣转化的水垢被称为"二次水垢"。

(二)水垢的种类及其性质

水垢绝大多数是由难溶的盐类形成,有的还包括一部分腐蚀产物。因此,水垢可按其组成的阳离子分类,也可按组成的阴离子分类。

1. 按阳离子分类

(1) 钙镁水垢

在钙镁水垢中,主要成分为钙镁化合物,有的可高达 90% 以上。钙镁水垢根据所组成的阴离子不同,又可分成几种,它们主要是由于给水硬度过高所造成。

(2) 氧化铁垢

通常指 Fe_2O_3 含量 $>70\%$ 的水垢,其中往往还含有少量的铜垢和其他盐类沉积物。这种水垢的形成往往是由于给水中含铁量太高、锅炉热负荷太大,或者由锅炉本身的腐蚀产物转他而造成。

2. 按阴离子分类

(1) 碳酸盐水垢

主要成分为钙、镁的碳酸盐,以碳酸钙、氢氧化镁为主。多结生在温度相对较低的部位,如省煤器、进水口附近等,有时在下联箱和水冷壁上也有生成。

(2) 硫酸盐水垢

主要成分为硫酸钙(硫酸盐含量占 50% 以上的垢),特别坚硬、致密,不易清除。大多结生在温度较高,蒸发强度大的受热面上。

(3) 硅酸盐水垢

成分较为复杂,绝大部分为铝、铁的硅酸化合物,其中二氧化硅含量往往占 20% 以上,高的可达 40%～50%。这种水垢多数非常坚硬,导热性最差。通常易在锅炉受热强度最大的部位,如水冷壁上形成。

(4) 混合水垢

是上述各种水垢及铁锈垢的混合物,不易指出哪一种成分是主要的,常见于水处理不稳定的锅炉中。

混合水垢色杂,往往呈多层状,一部分可在盐酸中溶解,也有气泡产生,溶液中有残留水垢碎片或泥状物。

三、锅炉结垢的原因

锅炉结垢,首先是因为给水中含有钙镁硬度或铁离子、硅含量过高,其次是由于锅炉的高温高压特殊条件所造成。其水垢形成的主要过程如下。

(1) 受热分解

在高温高压下,原来溶于水的某些钙、镁盐类(如碳酸氢盐)受热分解,变为难溶物质而析出沉淀:

$$Ca(HCO_3)_2 \rightarrow CaCO_3 \downarrow + H_2O + CO_2 \uparrow$$

$$Mg(HCO_3)_2 \rightarrow Mg(OH)_2 \downarrow + 2CO_2 \uparrow$$

(2) 溶解度降低

在高温高压下,有些盐类(如硫酸钙、硅酸盐等)物质的溶解度随温度升高而大大降低,达到一定程度后,便会析出沉淀。

(3) 水的蒸发、浓缩

在高温高压下,由于锅水不断蒸发浓缩,水中盐类物质的浓度随之不断增大,当达到过饱和时,就会在蒸发面上析出沉淀。

(4) 相互反应及转化

给水中原来溶解度较大的盐类,在锅炉运行状况下,与其他盐类相互反应,生成了难溶的沉淀物质,如果反应在受热面上进行,就直接形成了永垢;如反应是在锅水中进行,则形成水渣。另外,有些腐蚀产物附着在受热面上,也往往易转化成金属氧化物水垢。

上述这些析出的沉淀物质粘结在锅炉受热面上就形成了水垢,温度越高的部位,越易形成坚硬的水垢。

四、水垢的危害

由于水垢的导热性很差,其导热系数只有锅炉钢板的导热系数的几十分之一至数百分之一,所以锅炉结垢后就会严重阻碍传热并引起下列危害。

1. 水垢造成经济损失

锅炉结垢严重地影响着锅炉使用寿命和经济效益。在保持锅炉水、汽质量良好的正常情况下,一般锅炉至少能达到10年甚至15年以上使用寿命。锅炉结垢后会引起垢下腐蚀等危害。有些结构紧凑或结构复杂的锅炉,一旦受热面结垢,就极难清除,严重时只好采用挖补、割换管子等修理,不但费用大,且将使受热面受到严重损伤,所有上述这些危害都将大大缩短锅炉的使用寿命。另外,锅炉结垢后,将增加清洗和维修的时间、费用及工作量等,影响生产,减少锅炉的有效利用率,降低经济性。同时,锅炉结垢后将严重影响受热面传热、降低热效率、降低蒸汽出力、增加燃料消耗。由于油、气价格高,因此燃油、燃气锅炉结垢后造成的浪费和损失将大大高于燃煤锅炉。

2. 结垢对锅炉安全运行的影响

受热面结生水垢后,金属的热量由于受水垢的阻碍而难于传热给锅水,致使金属壁温急剧升高。当温度超过了金属所能承受的允许温度时,金属就会因过热而发生蠕变,强度显著降低,从而导致金属过热变形,严重时将造成鼓包、裂缝甚至爆管等事故。

3.堵塞管道,破坏水循环

如果水管内结垢,就会减少流通截面积,增加水的流动阻力,破坏正常的水循环,严重时还会完全堵塞管道,或造成爆管事故。

五、水垢的防止

为了防止锅炉结生水垢,保证锅炉安全经济运行,应做好以下几方面工作:

(1)加强锅炉的给水处理,保证给水质量符合国家标准。

(2)及时合理地做好锅炉的加药、排污工作,保证锅水质量符合国家标准。

(3)对于电站锅炉应保证凝汽器严密。当发现凝结水硬度升高时,应迅速查漏并及时消除缺陷。

(4)加强锅炉的运行管理,防止锅炉汽水系统的腐蚀,减少给水中含铁量,以确保锅炉在无垢、无沉积物下运行。

第四节 锅炉的排污

一、排污的作用和目的

锅炉给水虽然经过一定的处理,但或多或少仍会含有一些杂质,进入运行锅炉后,随着锅水的不断蒸发浓缩,这些杂质的浓度会越来越高,当达到一定临界点后,将会造成蒸汽质量恶化、锅炉受热面结垢、金属受到腐蚀等不良影响。为了使锅水中的杂质含量保持在一定限值(即控制标准)以下,就必须排去部分高浓度的锅水和水渣等沉淀物,同时补入相同量的给水,这一过程称为锅炉的排污。

锅炉排污的目的主要有：

(1)降低锅水中过高的含盐量和碱性物质,排除锅水表面的油脂和泡沫,使锅水浓度保持在标准允许的范围内,保证蒸汽质量良好。

(2)及时排除锅内形成的水渣,防止水渣在受热部位聚集成二次水垢,以保证锅炉安全运行。

二、排污的方式和要求

(一)排污方式

锅炉排污方式通常分为连续排污和定期排污,根据锅炉设备和运行的实际情况,可分为以下三种情况。

1. 连续排污

连续排污又称表面排污,它的功能主要是连续不断地从锅水表面排出油脂泡沫、悬浮杂质及盐碱浓度较高的部分锅水,以降低锅水中的碱度、含盐量、硅酸含量及悬浮物含量。连续排污阀是常开的,通常用于对水质要求较严,蒸发量较大($\geqslant 10$ t/h)的水管锅炉。表面连续排污管一般设置在锅炉汽包正常水位下 $80 \sim 100$ mm 处,因为此处靠近蒸发面,锅水浓缩程度较高,而排污时又不至于将蒸汽排走。

2. 表面定期排污

表面定期排污与表面连续排污比较,其功能基本相同,不同点在于其排污阀不是常开的,而是以间歇式定期进行表面排污。一般蒸发量不太大($4 \sim 8$ t/h)的水管锅炉,大都采用此方式。

3. 底部定期排污

定期排污主要排除锅内水渣及泥污等沉积物,同时也能起到降低锅水浓度的作用。定期排污装置一般设在锅炉水循环系统的最低点(通常在下汽包及水冷壁的下联箱底部)。定期排污是间歇地进行排污,操作过程时间短暂,应当选择在锅炉高水位、低负荷或压火状态时进行排污。

(二)排污要求

锅炉排污是锅炉水处理的重要组成部分。排污不只是简单地排放,不能随意进行,只有科学而合理地控制排污,才能既使锅炉排污达到良好的效果,又可尽量减少热能等的损失。为了取得好的排污效果,应遵循下列几点。

(1)正确运用不同的排污装置,发挥各自的功能。如降低含盐量,以调节表面排污为主;排除水渣,以底部排污为主。

(2)做到勤排、少排、均衡排。就是说,排污次数要多,每次的排污量要少,排污的间隔时间要均匀。这样既可保证不影响供汽,又可使锅水质量均衡地保持在标准范围内,而不会有较大的波动,同时也可有效地排除水渣。实践证明,对于底部排污,在同样的排污量下,分次而短促地排污,比一次性长时间地排污,排除水渣及泥垢的效果要好得多。

(3)底部排污尽量在低负荷时进行。因为此时水循环速度低,水渣易下沉,有利排除。另外,有多个排污点的,每班对每个排污点都应进行排污。

(4)根据水质分析结果指导锅炉排污量。锅水应定时(一般低压炉每 2~4 h 一次,中、高压炉每 1~2 h 一次)取样分析,根据分析结果调整表面排污阀的开度及定期排污的次数。

应注意的是,排污过多或过少都对锅炉运行不利。排污过多,既造成不必要的热能损失,又造成给水和加药处理的药剂浪费,有时还会影响供汽;排污过少,则达不到排污应有的效果,不仅不能保证锅水和蒸汽质量达到标准,而且造成水渣不能及时排除,增加了锅炉结生水垢的危害。因此,锅炉排污率应控制在一定范围内,一般工业锅炉排污率应控制在5%~10%。如果排污量已达到规定排污率的上限,而锅水浓度(含盐量或碱度)仍然超标,则不可无限制地增加排污率,因为工业锅炉的排污率每增大1%,燃料的消耗量就会增加0.3%,因此锅水浓度过高时,不能盲目增大排污率,而应从改善给水质量入手,尽量降低给水中的含盐量或碱度及其他杂质含量,必要时应改变给水处理的方法,最好的措施是尽量回用蒸汽冷凝水作锅炉给水,既可改善水汽质量,降低排污率,又可显著节能节水。

第二章 锅炉的水质处理与分析

第一节 锅炉水处理的目的与要求

一、锅炉水处理的目的

锅炉水处理的目的就是:除去对锅炉有危害的杂质,防止锅炉结垢和腐蚀,保持蒸汽质量良好,保证锅炉安全、节能、经济运行。要达到这一目的,就必须搞好锅炉的给水处理和锅内加药处理,同时做到合理排污,严格监测,使锅炉的水汽质量达到国家标准的要求。

二、锅炉水处理的总体要求

搞好锅炉水处理是关系到锅炉安全、经济运行的一项重要工作,而且是一个必须坚持不懈、持之以恒才能见效的长期性工作。2014年1月1日起施行的《中华人民共和国特种设备安全法》,第四十四条规定:"锅炉使用单位应当按照安全技术规范的要求进行锅炉水(介)质处理,并接受特种设备检验机构的定期检验。"2009年5月1日起执行的修改后的《特种设备安全监察条例》特别增加了有关锅炉水处理的条款,其中第二十七条规定:"锅炉使用单位应当按照安全技术规范的要求进行锅炉水(介)质处理,并接受特种设备检验检测机构实施的水(介)质处理定期检验。"第八十三条规定:"锅炉使用单位未按照安全技术规范要求进行锅炉水(介)质处理的,由特种设备安全监督管理部门责令限期改正,逾期未改正的,处2 000元以上2万元以下罚款,情节严重的,责令停止使用或者停产停业整顿。"

三、锅炉水处理的具体要求

国家质量技术监督局颁布的 TSG G5001—2010《锅炉水(介)处理监督管理规则》对锅炉水处理的设计、安装、使用、检验检测和监督管理等作了具体规定,其中主要有以下几方面要求。

1. 因炉、因水制宜选择合理有效的水处理方法

由于锅炉的结构、工作压力及用途等不同,其对水质的要求也不同;而对同一类锅炉来说,不同的地区、不同的水源,水中所含有的杂质相差很大,需采用不同的水处理方法才能达到水质标准的要求。因此,选用锅炉时,必须根据相应的水质标准规定,因炉、因水制宜地选择合理有效的水处理方法和配套的水处理系统及设备。

2. 选用合格的水处理设备和药剂

选用的钢制水处理设备应符合 JB 2932《水处理设备技术条件》的规定;非钢制水处理设备及水处理药剂、树脂均应符合有关标准和规定。

锅炉水处理设备出厂时,至少应提供下列技术资料:
①水处理设备图样(包括总图、管道系统图等);
②设计计算书;
③产品质量证明书;
④设备安装、使用说明书。

水处理药剂、树脂出厂时,至少应提供产品合格证和使用说明书。

3. 水处理设备安装后的调试

水处理系统及设备安装完毕后,应当由具有调试能力的单位进行调试,确定合理的运行参数,并满足锅炉对给水的需要。锅炉试运行期间应对锅内加药处理进行调试,确定合理的加药方法和加药量。调试后的水、汽质量应当达到水质标准的要求。水处理系统(设备)调试完毕,调试者应出具调试报告,经检验机构核查后,与水处理设备安装技术资料一起存入锅炉技术档案。

4. 锅炉水处理的使用管理

锅炉使用单位应当结合本单位的实际情况,建立健全规章制度(包括水处理管理、岗位职责、运行操作、维护保养等),并且严格执行;根据锅炉的参数和水、汽质量标准的要求,对锅炉的原水、给水、锅水、回水等的水质及蒸汽质量每天定时进行化验分析,常规化验的频次要求如下。

(1) 总额定蒸发量大于或者等于 4 t/h 的蒸汽锅炉,总额定热功率大于或者等于 4.2 MW 的热水锅炉,每 4 h 至少进行 1 次分析。

(2) 总额定蒸发量大于或者等于 1 t/h 但小于 4 t/h 的蒸汽锅炉,总额定热功率大于或者等于 0.7 MW 但小于 4.2 MW 的热水锅炉,每 8 h 至少进行 1 次分析。

(3) 总额定蒸发量小于 1 t/h 的蒸汽锅炉和总额定热功率小于 0.7 MW 的热水锅炉,每 24 h 至少对锅水进行 1 次分析。

每次化验分析的时间、项目、数据以及采取的相应措施,应当填写在水汽质量记录表上。当水、汽质量出现异常时,应当增加化验频次。

工业锅炉常规化验项目一般为硬度、碱度、pH值,有除氧要求的还应测给水溶解氧,采用磷酸盐作防垢剂的还应测锅水磷酸根,蒸汽锅炉还应测给水和锅水氯离子并计算排污率;电站锅炉常规化验项目由使用单位根据锅炉参数和水汽质量要求确定。

5. 配备并培训水处理作业人员

锅炉使用单位应当根据锅炉的数量、参数、水源情况和水处理方式,配备专(兼)职水处理作业人员。锅炉水处理作业人员必须按照《特种设备作业人员监督管理办法》的规定,经过培训,考核合格,取得资格后,才能从事相应的锅炉水处理操作、管理工作。

6. 做好停、备用锅炉和水处理设备的保养工作

对备用或停用的锅炉及水处理设备,必须做好保养工作,防止锅炉和水处理设备引起严重腐蚀以及树脂中毒。对于电站锅炉,使用单位可以按照DL/T 956—2005《火力发电厂停(备)用热力设备防锈蚀导则》做好保养工作。

7. 特种设备检验机构的检验检测

根据TSG G5002—2010《锅炉水(介)质处理检验规则》的规定,锅炉水处理检验工作分为水处理定期检验和锅炉清洗过程监督检验。其中水处理定期检验包括水汽质量检验、水处理系统运行检验和锅炉内部化学检验。

检验机构对锅炉水处理检验周期如下:

(1)新安装锅炉或进行技术改造的水处理设备(系统),试运行期间应进行首次水处理检验,检验内容包括水汽质量抽样检测、水处理设备(系统)调试报告核查。

(2)运行锅炉水、汽质量每半年至少进行1次抽样检验,对抽样检验不合格的应增加抽样检验次数。

(3)对采用锅外水处理方式并且额定蒸发量大于或者等于1 t/h的蒸汽锅炉,额定热功率大于或者等于0.7 MW的热水锅炉的水处理设备运行状况,结合锅炉定期检验。每年进行一次检验;

(4)电站锅炉内部化学检验周期结合锅炉内部检验和锅炉检修周期确定;工业锅炉必要时结合锅炉内部检验进行。

检验机构在检验后应当及时出具检验报告,对于检验不合格的单位应提出整改意见。对于存在严重事故隐患,不符合高耗能特种设备节能监督管理规定,锅炉清洗过程未进行监督检验等情况,检验机构应当书面报告当地质量技术监督部门。对因水质不合格造成锅炉严重结垢或腐蚀的使用单位,质量技术监督部门将要求限期改正或按《特种设备安全监察条例》的有关规定进行处罚。

第二节 锅炉水质指标概述

人类的生活和生产都离不开水,用途不同,对水质的要求也不同。所谓水质就是指水和其中的杂质所共同表现的综合特性。评价水质好坏的项目,称为水质指标。水质指标的表达方式是根据用水要求和杂质的特性而定的,锅炉用水中水质指标的表达方式通常有两种:一种是表示水中所含有的离子或分子,如钠离子、氯离子、磷酸根离子、溶解氧等;另一种指标则并不代表某种单纯的物质,而是表示某些组合的化合物或表征某种特性,例如硬度、碱度、溶解固形物、电导率等,这些指标是由于技术上的需要而专门拟定的,故称为技术指标。

对于锅炉来说,控制水质量指标的目的是为了防止锅炉结垢和腐蚀,保持蒸汽质量良好,确保热为系统正常运行。为此,国家标准中 GB/T 1576 对工业锅炉水质规定了控制指标及标准,GB/T 12145 对火力发电机组及蒸汽动力设备(即电站锅炉)规定了水、汽质量标准。现就标准中主要的技术指标叙述如下。

一、溶解固形物(RG)

由于用水质全分析求得含盐量非常麻烦,因此有时用溶解固形物来表示含盐量,有的资料中也以"TDS"来代表。溶解固形物是指分离了悬浮物之后的滤液,经蒸发、干燥至恒重,所得到的蒸发残渣,它包含了水中各种溶解性的无机盐类和不易挥发的有机物等,单位为 mg/L。由于在测定过程中,水中的碳酸氢盐会因分解而转变成碳酸盐,以及有些盐类的水分或结晶水不能除尽等原因,溶解固形物只能近似地表示水中的含盐量。

工业锅炉常用锅水中溶解固形物含量来衡量锅水的浓缩程度,以便合理地控制锅炉的排污量。由于溶解固形物测定需配备水浴锅、烘箱和高精度天平等分析设备,一般小型锅炉房较难配置,且测定相对较为麻烦又费时,故只适用于定期的监测,而对于日常的监测则有一定的困难。对此,工业锅炉水质标准允许采用测定氯离子(Cl^-)的方法来间接控制溶解固形物。因为,在一定的水质条件下,水中的溶解固形物含量与 Cl^- 的含量之比值接近于常数,而 Cl^- 的测定非常方便,所以在水源水质变化不大的情况下，根据溶解固形物与 Cl^- 的对应关系，只要测出 Cl^- 的含量就可直接指导锅炉的排污。

二、硬度（YD）

硬度是表示水中高价金属离子的总浓度。在天然水中，形成硬度的物质主要是钙、镁离子，其他高价金属离子很少，所以通常硬度就是指水中钙、镁离子（Ca^{2+}、Mg^{2+}）的含量，它是衡量锅炉给水水质好坏的一项重要技术指标。总硬度包括钙盐和镁盐两大部分。钙盐即钙硬度，包括碳酸氢钙、碳酸钙、硫酸钙、氯化钙等；镁盐也即镁硬度，包括碳酸氢镁、碳酸镁、硫酸镁、氯化镁等。硬度还可按所组成的阳离子种类分为碳酸盐硬度和非碳酸盐硬度两大类。

1. 碳酸盐硬度（YD_T）

是指水中钙、镁的碳酸氢盐和碳酸盐的含量。天然水中碳酸根（CO_3^{2-}）很少，故天然水的碳酸盐硬度主要是指钙、镁的碳酸氢盐含量。由于碳酸盐硬度在高温水中会发生下列分解反应而析出沉淀，所以碳酸盐硬度也称为暂时硬度。

$$Ca(HCO_3)_2 \rightarrow CaCO_3 \downarrow + H_2O + CO_2 \uparrow$$
$$Mg(HCO_3)_2 \rightarrow MgCO_3 \downarrow + H_2O + CO_2 \uparrow$$
$$MgCO_3 + H_2O \rightarrow Mg(OH)_2 \downarrow + CO_2 \uparrow$$

2. 非碳酸盐硬度（YD_F）

是指水中钙、镁的硫酸盐、氯化物、硝酸盐等含量。由于这类硬度即使是在水沸腾时也不会因分解析出沉淀，所以对应地被称为永久硬度。

另外，当天然水中钙、镁总含量大于碳酸氢根（HCO_3^-）

时,水的硬度由碳酸盐硬度和非碳酸盐硬度组成;当天然水中钙、镁总含量小于 HCO_3^- 时,水中将只含碳酸盐硬度,不含非碳酸盐硬度,而 HCO_3^- 与钙镁总量的差值(即过剩碱度)被称为负硬度,这种水则称为负硬水或碱性水。

硬度的常用计量单位有三种表示方法,分述如下。

(1)用毫摩尔/升(mmol/L)表示

这是法定计量单位中的基本单位,是最常用的表示物质的量浓度的计量单位。在水质标准中硬度和碱度都是以此来表示其浓度的大小,并规定以一价离子为基本单元,即硬度的基本单元为:$C(1/2\ Ca^{2+}$、$1/2\ Mg^{2+})$,这样便与过去习惯用的毫克当量/升(mgN/L)所表示的在数值上相一致。

(2)用"德国度"(°G)表示

这是专门用来表示硬度大小的一种计量单位,其定义是:当水样中硬度离子的浓度相当于 10 mg/L CaO 时,称为 1 德国度(1°G)。

由于 1/2 CaO 的摩尔质量为 28 g/mol,所以:

$1°G=10\ mg/L÷28\ g/mol=1/2.8\ mmol/L$;

$1\ mmol/L=2.8°G$

(3)用毫克/升(mg/L)$CaCO_3$ 表示,

有不少水质分析资料用此单位来表示硬度的含量,其定义是:水样中硬度的离子浓度相当于 1 mg/L $CaCO_3$。

由于 1/2 $CaCO_3$ 的摩尔质量为 50 g/mol,所以 1 mmol/L 硬度就相当于 50 mg/L $CaCO_3$。

上述三种单位的换算关系可表示为:

$1\ mmol/L=2.8°G$

三、碱度（JD）

碱度是表示水中能接受氢离子（H^+）一类物质的量。在锅炉用水中，碱度主要由 OH^-、CO_3^{2-}、HCO_3^- 及其他少量的弱酸盐类组成。碱度的计量单位为：毫摩尔/升（mmol/L），其基本单元为：$C(OH^-, CO_3^{2-}, HCO_3^-)$。

天然水中的碱度基本上都是碳酸氢盐，有时还有少量的腐殖酸质弱酸盐。由于给水中的 HCO_3^- 进入锅炉后经受热会发生分解反应：

$$2HCO_3^- \rightarrow CO_3^{2-} + H_2O + CO_2 \uparrow$$

而碳酸根在锅炉的高温及压力下还会进一步水解成氢氧根：

$$CO_3^{2-} + H_2O \rightarrow OH^- + CO_2 \uparrow$$

此外，当 HCO_3^- 和 OH^- 共存时，相互间会立刻发生以下的化学反应：

$$HCO_3^- + OH^- \rightarrow CO_3^{2-} + H_2O$$

因此，锅炉正常运行时，锅水中几乎不存在 HCO_3^-，锅水碱度主要以 OH^- 和 CO_3^{2-} 形式存在。

根据水中碱度的组成，通常可将碱度分为：氢氧根碱度、碳酸根碱度和碳酸氢根碱度，三者之和称为全碱度。另外，根据酸碱中和滴定法测定碱度时所加的指示剂不同，又可将碱度分为酚酞碱度和甲基橙碱度。即用酚酞作指示剂时，所测出的碱度（终点变色时 pH 值为 8.3）称为酚酞碱度（$JD_{酚}$）；用甲基橙作指示剂时，所测出的碱度（终点变色时 pH 值约为 4.3）称为甲基橙碱度。由于用甲基橙作指示剂时，所有的碱度都与酸发生了反应，所以甲基橙碱度也就是全碱度（其中包含了酚酞碱度)。

四、相对碱度

相对碱度是为了防止锅炉产生碱脆而规定的一项技术指标。工业锅炉水质标准中规定相对碱度小于0.2,只是一个经验数据,并无严格的理论或实验依据。由于碱脆易发生在铆接和胀接结构的锅炉上,对于焊接结构的锅炉尚未发现有碱脆的现象,故新修订的水质标准规定,全焊接结构的锅炉可不控制相对碱度。相对碱度表示锅水中游离NaOH含量与溶解固形物的比值,即:

$$相对碱度 = \frac{游离 NaOH}{溶解固形物} = \frac{[OH^-] \times 40}{溶解固形物} = \frac{(2JD_{酚酞} - JD_{总}) \times 40}{溶解固形物}$$

五、各水质指标间的相互关系及其计算

在水质指标中,有些指标或离子组成间存在一定的制约关系,了解这些关系将有助于水质分析及其计算。

(一)硬度与碱度的关系

在天然水中,通常硬度物质以Ca^{2+}、Mg^{2+}存在,碱度以HCO_3^-存在,在常温下它们都是以自由状态各自存在的,但当水体蒸发浓缩时,这些离子将根据溶解度的大小而先后组合成化合物。通常有以下三种情况:

(1)硬度大于碱度:在这种非碱性水中,Ca^{2+}、Mg^{2+}将首先与HCO_3^-形成碳酸盐硬度(YD_T),然后剩余的硬度离子与SO_4^{2-}、Cl^-等其他阴离子形成非碳酸盐硬度(YD_F)。

(2)硬度等于碱度:在这种水中,所有的Ca^{2+}、Mg^{2+}将全部与HCO_3^-形成碳酸盐硬度,这时既没有非碳酸盐硬度,也

没有剩余碱度。

(3) 硬度小于碱度：在这种碱性水中，硬度将全部形成碳酸盐硬度，剩余的碱度则与 Na^+、K^+ 形成钠钾碱度（JD_{Na}），也称为负硬度，这时将没有非碳酸盐硬度。

由上可知，HCO_3^- 既是碱度，又构成了碳酸盐硬度，由此可总结出硬度与碱度的关系，如表 2-1 所示（硬度与碱度的关系均以一价离子 mmol/L 表示）。

表 2-1　硬度与碱度的关系

水质分析结果	YD_T	YD_F	JD_{Na}
$YD \geqslant JD$	JD	$YD<JD$	0
$YD<JD$	YD	0	$JD-YD$

(二) 碱度与 HCO_3^-、OH^-、CO_3^{2-} 间的关系

如上所述，通常在天然水中，碱度基本上都以 HCO_3^- 的形式存在，而在锅水中碱度基本上由 OH^-、CO_3^{2-} 组成。HCO_3^- 在锅水中受热分解为 CO_3^{2-}，CO_3^{2-} 又会进一步发生水解，产生 OH^- 和 CO_2，反应式如下：

$$2HCO_3^- \rightarrow CO_3^{2-} + H_2O + CO_2 \uparrow$$
$$CO_3^{2-} + H_2O \rightarrow 2OH^- + CO_2 \uparrow$$

实验证明，CO_3^{2-} 的水解率随着锅炉的工作压力升高而增大。在不同的工作压力下，由水解而产生的 OH^- 浓度占锅水总碱度的质量分数见表 2-2。

表 2-2　锅炉压力与 OH^- 浓度占锅水总碱度的质量分数的关系

锅炉压力(MPa)	0.2	0.4	0.6	0.8	1.0	1.25	1.5	2.0	2.5	5.0
[OH^-]占总碱度的质量分数(%)	2	10	20	30	40	50	60	70	80	100

值得一提的是,表 2-2 是根据 CO_3^{2-} 水解反应达到平衡时得出的,较符合封闭系统(例如闭式循环的热水锅炉)。对于蒸汽锅炉,由于 CO_3^{2-} 水解后产生的 CO_2 会随着蒸汽逸出锅炉,从而使得平衡朝水解反应的方向进行,有时甚至会使水解很彻底。因此,在实际工作中,往往会发现即使是工作压力较低的锅炉,锅水中 OH^- 碱度在总碱度中所占的比例有时也远大于表中所列的数值。

(三)碱度与 pH 值的关系

pH 值是表征溶液酸碱性的指标,pH 值越大,OH^- 浓度就越高。而碱度中除了 OH^- 含量外,还包含了 CO_3^{2-}、HCO_3^- 及其他弱酸根离子的含量。因此,它们之间既有联系又有区别。其联系是:在一般情况下,pH 值会随着碱度的提高而增大,但这还取决于 OH^- 碱度占总碱度的比例;区别是:pH 值的大小只取决于 OH^- 与 H^+ 的相对含量,而碱度大小则反映了构成碱度的各离子的总含量。所以,对于锅炉用水来说,有时 pH 值合格的水,碱度并不一定合格,反之碱度合格的水,pH 值也不一定合格,两者不能互相替代。

目前我国大多数工业锅炉使用单位采用简便的 pH 值试纸测定水中的 pH 值。但 pH 值试纸测定误差较大,有时会造成锅水 pH 值控制不正确。实际工作中可以通过全碱度和酚酞碱度来计算锅水 pH 值。当锅水($JD_{酚} > JD_M$)时,可通过下式计算锅水 pH 值:

$$pH = 11 + \lg[JD_{酚} - JD_M]$$

根据该计算式,在一般情况下,当锅水($JD_{酚} - JD_M$)控制在 0.1~10 mmol/L 时,锅水的 pH 值就可控制在 10~12 合格范围内。

(四)氯化物(Cl^-)与溶解固形物(RG)的关系

由于天然水和锅炉用水中的氯化物一般都较稳定,即使在高温锅水中也不会分解、挥发或沉淀,因此在一定的水质条件下,水中的溶解固形物含量与 Cl^- 的含量之比值接近于常数(κ),且 Cl^- 含量的测定非常方便,所以工业锅炉现场水质监测中通常都采用测定 Cl^- 含量的方法来间接控制溶解固形物,即:

$$\kappa = \frac{溶解固形物}{Cl^-} \quad (2\text{-}1)$$

式(2-1)中的溶解固形物与氯离子的比值 κ 简称为"固氯比"。根据这个关系,只要定期测得锅水"固氯比",并在日常简化分析中,监测并控制 Cl^- 浓度,就可及时指导锅炉排污,使锅水溶解固形物含量控制在一定范围内。

例题: 某型号为 KZL1-0.8 的锅炉,采用锅内加药水处理,如测得锅水溶解固形物含量=4 200 mg/L 时,锅水 Cl^- 浓度=525 mg/L,问日常简化分析中,锅水中 Cl^- 浓度的控制标准为多少?

解: 从水质标准中查得锅内加药处理时,要求锅水溶解固形物含量 RG<5 000 mg/L,

因此:κ=4 200÷525=8;锅水 Cl^- 浓度控制标准=RG 标准÷κ=5 000÷8=625(mg/L)。

即控制 Cl^- 浓度<625 mg/L,就可使溶解固形物含量达到合格。

应注意的是,"固氯比(κ)"只有在水质相对稳定的情况下,才接近于常数。当水质变化较大时,κ 值往往会随之而变化。不但不同的水源水 κ 值不同,而且,即使是同一水源,在不同的季节,如雨季和干旱季节,κ 值也会有所不同;沿海地区在海水倒灌时期,κ 值还会发生很大的变化。所以,对"固氯比"需定期进行复试和修正。另外,水处理的方式不同,尤其是加药处理时药剂及加药方式不同,也会影响 κ 值的稳定。例如,采用间隔加药法进行锅内加药处理时,如果不按时加药或者加药量不均匀,锅水中的溶解固形物含量就会随着药剂量的变化而起伏不定,这样 κ 值也就很难接近于常数。因此,加药处理最好能采用连续法,使锅水中尽量保持较恒稳的药剂量。

第三节 常用水质指标分析方法

一、碱度(JD)的测定(酸碱滴定法)

(一)测定目的

碱度,是指水中含有能与强酸产生中和反应生成盐和水的碱性物质(及弱酸盐类)的含量。在锅炉水质中,碱度过高,增加了排污量,造成热损失增大,从而使燃耗升高,同时还影响了蒸汽品质,更为危险的是,长期在高碱度水质下运行的锅炉,则应考虑对锅炉金属产生碱性腐蚀的危险因素。而碱度过低,不仅不能很好地起防垢作用,而且还可能产生酸性腐蚀的危险。

(二)概要

碱度根据滴定时所用指示剂来分,分为酚酞碱度(JD_p)与总碱度(JD_A)

1. 酚酞碱度(JD_p):测定时以酚酞作指示剂时测出的量,终点 pH≈8.30。

2. 总碱度(JD_A):测定时以甲基橙作指示剂时测出的量

(包括 JD_p 在内),终点 pH≈4.2。

如水样总碱度很小时,以甲基红－亚甲基蓝混合指剂指示终点,终点 pH≈5.0。

碱度测定采用 H_2SO_4 标准溶液进行滴定。根据我国南方地区的水质情况,测定大碱度水样时 $1/2$ H_2SO_4 标准溶液摩尔浓度取 0.1 M 即可;测定小碱度水样时,取 $1/2H_2SO_4$ 标准溶液摩尔浓度 0.01 M 即可。

测定水中碱度的原理:根据酸碱中和的原理,选用合适的酸碱指示剂,用酸标准溶液滴定至终点,根据消耗的体积可计算出水中碱度,常用的指示剂有酚酞和甲基橙,所测得的碱度因选用指示剂的不同又可分为酚酞碱度或甲基橙碱度。滴定时产生如下的反应:

$$OH^- + H^+ = H_2O$$
$$HCO_3^- + H^+ = CO_2\uparrow + H_2O$$
$$CO_3^{2-} + 2H^+ = CO_2\uparrow + H_2O$$

(三)所需试剂

1. 0.1 M、0.01 M $1/2H_2SO_4$ 标准溶液。

2. 1%酚酞指示剂;

3. 0.1%甲基橙指示剂;

4. 甲基红－亚甲基蓝指示剂。

(四)测定方法及结果计算

1. 测定方法

准确移取 100 mL 水样于锥形瓶中,加入 2～3 滴酚酞指示剂,如此时溶液呈红色,则以 H_2SO_4 标准溶液滴定至红色恰好消失,并记录消耗硫酸标准溶液的体积 V_1,若加入酚酞指示剂后溶液不显色,则直接进行下步骤的操作。

再加入 2 滴甲基橙指示剂或甲基红－亚甲基蓝混合指示剂,继续以硫酸标准溶液滴定至溶液呈橙红色或由绿变为紫色,并记录消耗 H_2SO_4 标准溶液的体积 V_2(不包括 V_1)。

2. 结果计算

水质 JD_P 和 JD_M 分别按式(2-2)、式(2-3)计算:

$$JD_P = MV_1 \times 10 (\text{mmol/L}) \qquad (2-2)$$

$$JD_M = M(V_1 + V_2) \times 10 (\text{mmol/L}) \qquad (2-3)$$

式中:M——$1/2H_2SO_4$ 标准溶液摩尔浓度;

V_1、V_2——滴定所消耗 H_2SO_4 标准溶液的体积,mL。

(五)注意问题

1. 实际工作中,由于大碱度与小碱度水样的碱度相距较远,所采用硫酸标准溶液的浓度也应有区别,同时所用的滴定管和移液管亦应分开,不要混用。

2. 如水样中含 CO_2 量较大时,应先将水样加热至沸以驱除 CO_2,冷却后再进行分析。

3. 若水样中含游离氯较大时(Cl 浓度>1 mg/L),会影响指示剂的颜色,可以加入 0.1 M $Na_2S_2O_3$ 1~2 滴,或以紫外光照射水样,则可消除其干扰。

二、氯化物的测定(沉淀滴定法)

(一)测定氯化物的目的

1. 锅水中溶解固形物含量测定方法较为繁琐、费时,我们根据水中溶解固形物与氯化物间有一个一定的比例关系,而且在锅内的条件下,两者的浓缩倍数相同,所以通过测定氯化物的含量来间接控制锅水溶解固形物的含量。

2. 锅炉水质软化基本上是采用钠离子交换器,以钠离子交换树脂为交换剂。交换剂失效后的再生是以工业食盐(NaCl)配成溶液来处理的。经再生后的交换剂里仍残留有大量的食盐溶液,必须通过彻底清洗而除去,以避免对锅炉产生腐蚀。因此必须通过测定氯化物的含量来指导交换剂的再生和清洗过程。

(二)概要

测定水中氯根的原理:在中性溶液中,氯离子与硝酸银作用生成白色氯化银沉淀,过量的硝酸银与铬酸钾作用,生成红色铬酸银沉淀,使溶液显橙色指示终点。因此,可用铬酸钾做指示剂,硝酸银做标准溶液,用沉淀滴定法测出水中氯根含量,其反应式如下:

$$Cl^- + Ag^+ \rightarrow AgCl\downarrow (白色)$$

$$2Ag^+ + CrO_4^{2-} \rightarrow Ag_2CrO_4\downarrow (红色)$$

(三)所需试剂

1. $AgNO_3$ 标准溶液,$T=1$ mg Cl^-/mL。

2. 10% 铬酸钾溶液。

3. 1% 酚酞指示剂。

4. 0.1 M 的 NaOH 和 H_2SO_4 溶液。

(四)测定方法与结果计算

1. 测定方法

(1) 移取水样 100 ml 于锥形瓶中,加 2~3 酚酞指示剂,若显红色,则以溶液中和至无色;若不显红色,则用 NaOH 溶液中和至微红色,再加 H_2SO_4 溶液回滴至无色。然后再加入 1 mL $K_2Cr_2O_4$ 溶液。此时溶液呈亮黄色。

(2) 用 $AgNO_3$ 标准溶液滴定至橙色,并记录 $AgNO_3$ 标准溶液的消耗体积 V_1。同时作空白试验,记录 $AgNO_3$ 标准

溶液的消耗体积 V_2。

2.结果计算

水中氯化物的含量由式(2-4)计算：

$$\mathrm{Cl} = \frac{(V_1 - V_2) \times T}{V} \times 1\,000\,(\mathrm{mg/L}) \qquad (2\text{-}4)$$

式中：V_1、V_2——试样及空白试验消耗 $AgNO_3$ 标准溶液的体积，mL；

T——$AgNO_3$ 标准溶液滴定度，mg/mL Cl^-；

V——水样体积 mL。

(五)注意问题

1.滴定必须在中性或弱碱性，即 pH＝6.5～10.5 条件下进行。若 pH＞10.5，则产生如下的反应：$2Ag^+ + 2OH^- \rightarrow 2AgOH \downarrow \rightarrow Ag_2O \downarrow$（黑色）$+ H_2O$；

若 pH＜6.5 则有：$2CrO_4^{2-} + 2H^+ \rightarrow Cr_2O_7^{2-} + H_2O$。

2.当水样中含硫离子(S^{2-})量＞5 mg/L，含铁(Fe)、铝(Al)量＞3 mg/L 或颜色太深而影响测定时，先以过氧化氢(H_2O_2)脱色，并煮沸 10 min 后过滤，如颜色仍不消失，可向 100 mL 水样中加入 1 g Na_2CO_3 溶解，然后蒸干，将干涸物用蒸馏水溶解后再进行测定。

3.浑浊水样，应先进行过滤再测定。

4.滴定时，因生成的 AgCl 沉淀易吸附水中的 Cl^-，导致终点过早出现，故应充分转动锥形瓶，使被吸附的 Cl^- 释放出来。

5.上述方法适于测定含 Cl^- 含量＜100 mg/L 的水样。当水样中 Cl^- 含量＞100 mg/L，按表 2-3 中要求移取水样，并用蒸馏水稀释 100 mL 后测定。

表 2-3　当 Cl^- 含量＞100 mg/L 时移取水样体积

水中 Cl^- 含量(mg/L)	101～200	201～400	400～1 000
应取水样体积(ml)	50	25	10

三、硬度(YD)的测定(络合滴定法)

(一)测定目的

水中各种钙、镁盐类的总量称为水的硬度,是锅炉内的结垢物质。

(二)概要

在 pH＝10.0±0.1 缓冲溶液中,用铬黑 T 作指示剂,以 EDTA-Na_2(乙二胺四乙酸二钠)标准溶液滴定,根据标准溶液消耗的体积来计算出水样硬度。

测定水中硬度的原理:pH＝10±0.1 的缓冲溶剂中,乙二胺四乙酸二钠盐(简称 EDTA)和水中的钙、镁离子能生成稳定的络合物。其稳定性高于指示剂铬黑 T 与水中 Ca、Mg 作用生成络合物的稳定性,所以用铬黑 T 做指示剂用 EDTA 标准溶液进行滴定,接近终点时,EDTA 就要从铬黑 T 与钙、镁离子形成的酒红色络合物中将钙、镁夺取出来而使铬黑 T 呈游离状态。溶液由酒红色变为指示剂本身纯蓝色,指示已达终点,根据 EDTA 标准溶液的消耗量,即可计算出水中的硬度。其反应如下。

加指示剂后:

$Mg^{2+} + HIn^{2-} = MgIn^- + H^+$　　　(HIn^{2-} 为指示剂)

(蓝色)　　(酒红色)

滴定过程中:

$Mg^{2+} + H_2Y^{2-} = MgY^{2-} + 2H^+$ （H_2Y^{2-} 为 EDTA 离子）

滴定至终点时：

$MgIn^- + H_2Y^{2-} = MgY^{2-} + HIn^{2-} + H^+$
（酒红色）　　（蓝色）

加入 pH=10.0±0.1 缓冲溶液的原因是，在 pH=10.0±0.1 条件下，EDTA 能完全络合水中的 Ca^{2+}、Mg^{2+} 离子，而 EDTA 在络合反应中释出 H^+，使溶液 pH 下降。加入缓冲溶液后，使溶液 pH 稳定在 10.0±0.1 范围内，从而使分析结果更为准确。

同时，根据南方地区水质情况，测定原水时，EDTA-Na_2 标准溶液浓度（摩尔浓度）为 0.01 M；测定软化水时 EDTA-Na_2 标准溶液浓度（摩尔浓度）为 0.001 M 即可。

（三）所用试剂

1. 0.01 M、0.001 M EDTA-Na_2 标准溶液。

2. pH=10.0±0.1 氨—氯化氨缓冲溶液。

3. 0.5%铬黑 T 指示剂。

（四）测定方法与结果计算

1. 测定方法。

(1) 不同硬度水质应按表 2-4 取用要求体积水样，移取于锥形瓶中，用蒸馏水稀至 100 mL。

表 2-4　不同硬度水质取用水样体积

水样硬度(mmol/L)	0.25～2.5	2.5～5.0	5.0～10.0
水样体积(ml)	100.00	50.00	25.00

(2) 加入 NH_3—NH_4Cl 缓冲溶液，硬度＞0.25 mmol/L 加入 5 mL，硬度≤0.25 mmol/L 时加入 3 mL，并加入铬黑 T 指示剂适量，摇匀。此时溶液呈酒红色。

(3)以 EDTA-Na$_2$ 标准溶液滴定至溶液由酒红色变为蓝色为终点。记录消耗 EDTA-Na$_2$ 标准溶液体积数 V_1。

2.结果计算。

水样硬度由式(2-5)计算：

$$YD = \frac{M \times V_1}{V} \times 1\,000 (\text{mmol/L}) \qquad (2\text{-}5)$$

式中：M——EDTA-Na$_2$ 标准溶液的摩尔浓度；

V_1——滴定消耗标准溶液的体积，mL；

V——水样的体积，mL。

（五）注意问题

1.若水样的酸性或碱性过强时，则应先以 NaOH 和 HCl（浓度均为 0.1 M）中和后，再加入 NH$_3$—NH$_4$Cl 缓冲溶液调节 pH 值。

2.对于含碳酸盐硬度较高的水样，在加入缓冲溶液之前，应先将水样稀释，或先加入所需消耗 EDTA 标准溶液总量的 80%～90%，然后再加入缓冲溶液和指示剂。这样可避免因析出碳酸盐沉淀而导致滴定终点延长。

3.冬季水温过低，络合反应的速度也较慢，容易造成滴定过量而产生偏差。因此，应先将水祥加热至 30～40 ℃后再进行测定。

4.如果在加入指示剂后溶液呈紫灰色，或者在滴定过程中发现滴定不到终点颜色时，可能是 Fe、Al、Cu 或 Mn 等金属离子的干扰。遇到这种情况时，有两种消除干扰的方法：

（1）在加入指示剂前，先加入 2 mL 浓度为 1∶4 的三乙醇胺溶液，或 2 mL 1∶4 三乙醇胺溶液＋2 mL 1% 半胱胺酸盐溶液进行掩蔽。

(2) 先加入所需消耗 EDTA 标准溶液总量的 80%～90% 然后再加入指示剂,即可消除。

四、溶解氧(O_2)的测定(氧化还原滴定法)

(一) 测定的目的

溶解氧对金属有着强烈的腐蚀作用,所以国家水质标准中对给水溶解氧含量的允许值也较严厉,并要求额定蒸发量大于 2 t/h 的锅炉均要除氧,额定蒸发量不大于 2 t/h 的锅炉应尽量除氧和注意防腐。

(二) 概要

溶解氧的测定方法有两种,一是两瓶法,适用测定含氧量 >0.02 mg/L 的水样;二是靛蓝二磺酸钠比色法,适用测定含氧量为 $0.002\sim0.1$ mg/L 的除氧水及凝结水。前者是容量分析方法中的碘量法。我们这里介绍的是前者。

在碱性溶液中,Mn^{2+} 离子被水中溶解氧氧化成 Mn^{3+}、Mn^{4+} 离子;在酸性溶液中,Mn^{3+}、Mn^{4+} 离子能将碘离子氧化成游离碘,然后以淀粉作指示剂,硫代硫酸钠标准溶液滴定,根据其消耗的量来计算水样中溶解氧的含量。

在测定过程中,产生如下的反应。

(1) 锰盐在碱性溶液中生成 $Mn(OH)_2$:

$$Mn^{2+} + 2NaOH \rightarrow Mn(OH)_2 + 2Na^+$$

生成的 $Mn(OH)_2$ 与溶解氧作用:

$$2Mn(OH)_2 + O_2 \rightarrow 2H_2MnO_3 \downarrow$$

$$4Mn(OH)_2 + O_2 + 2H_2O \rightarrow 4Mn(OH)_3$$

(2) 在酸性溶液中 I^- 被氧化成 I_2:

$$H_2MnO_3 + 4HCl + 2KI \rightarrow MnCl_2 + 2KCl + 3H_2O + I_2$$

第二章 锅炉的水质处理与分析

$$2Mn(OH)_3 + 6HCl + 2KI \rightarrow 2MnCl_2 + 2KCl + 6H_2O + I_2$$

(3)以 $Na_2S_2O_3$ 标准溶液滴定 I_2：

$$Na_2S_2O_3 + I_2 \rightarrow Na_2S_4O_6 + 2NaI$$

(三)所需仪器及试剂

1. 仪器

(1)取样桶：高度应高于取样瓶 150 mm 以上，并具有能放置两个取样瓶的容积。

(2)取样瓶：容积 500 mL，具有严密磨口塞的无色玻璃瓶。

(3)滴定管：25 mL，下部接细长玻璃管。

2. 试剂

(1)0.01 M $Na_2S_2O_3$ 标准溶液

(2)1% 淀粉指示剂。

(3)氯化锰或硫酸锰溶液：称取 45 g 氯化锰（$MnCl_2 \cdot 4H_2O$）或 55 g 硫酸锰（$MnSO_4 \cdot 5H_2O$），溶于 100 mL 蒸馏水中，过滤。向滤液中加入 1 mL 浓硫酸，贮于具有磨口塞试剂瓶中。此溶液应澄清透明，且无沉淀物。

(4)碱性 KI 混合液：称取 36 g NaOH，20 g KI 及 0.05 g KIO_3 溶于 100 mL 水中摇匀。

(5)1∶1 H_3PO_4 或 1∶1 H_2SO_4 溶液。

(四)测定方法和结果计算

1. 测定方法

(1)取样桶、取样液、取样管要洗涤干净。将取样瓶置于取样桶内，在取样管上接一支玻璃三通。在三通上接上两根后壁胶管分别插入两个取样瓶内（插至底部）。调节水样流速 0.7 L/min 左右。当桶内水面超过取样瓶口 150 mm 后，轻轻抽出取样管。

(2)立即在水面下向1号瓶中加入1 mL的$MnCl_2$或$MnSO_4$溶液,向2号瓶中加入5 mL的H_3PO_4或H_2SO_4溶液。

(3)用滴定管向两取样瓶中各加入3 mL碱性KI混合液,盖紧瓶塞,将两瓶取出摇匀后再放回取样桶中水面下,静置片刻。

(4)待沉淀物下沉后,轻轻打开瓶塞,在水面下向1号瓶中加入5 mL的H_3PO_4或H_2SO_4溶液,向2号瓶中加入1 mL的$MnCl_2$或$MnSO_4$溶液,将瓶塞盖紧后并摇匀。

(5)将两瓶溶液冷却至15 ℃以下,各取出200~250 mL溶液,分别注入两个500 mL锥形瓶中。

(6)用$Na_2S_2O_3$标准溶液分别滴定至溶液呈浅黄色后,各加入1 mL淀粉指示剂,此时溶液均呈深蓝色,延后继续以$Na_2S_2O_3$标准溶液滴定至蓝色消失为终点。并记录两瓶各自消耗$Na_2S_2O_3$标准溶液的体积V_1、V_2。

2.结果计算

水样中溶解氧(O_2)含量按式(2-6)计算:

$$O_2 \text{ 含量} = \frac{(V_1 - V_2) \cdot M \times 8 - 0.005}{V} \times 1\,000 \,(\text{mg/L})$$

(2-6)

式中:V_1、V_2——两瓶各自消耗$Na_2S_2O_3$标准溶液的体积,mL;

V——滴定水样溶液的体积,mL;

M——$Na_2S_2O_3$标准溶液的摩尔浓度;

8——1/4 O_2的摩尔质量;

0.005——由带入溶解氧的校正系数。

（五）注意事项

1. 在本法测定过程中必须严格按照上述操作程序进行,特别是取样时水样流速的调节与控制。

2. 游离碘和淀粉的反应灵敏度与温度间有一定的关系。温度高时,滴定终点灵敏度低,因此必须在 15 ℃ 以下进行滴定。

3. 当水样中含有较多量的还原性或氧化性物质时,都会使测定结果偏高或偏低。

第三章　水处理设备

水中的 Ca^{2+}、Mg^{2+} 等离子态杂质,会对锅炉造成结垢等危害,影响锅炉的安全运行。锅外离子交换水处理,就是将水在进入锅炉之前,通过交换剂的离子交换反应,除去水中的离子态杂质。对于工业锅炉,通常采用钠离子交换来除去水中的硬度物质,使水得到软化,以防止锅炉结垢。

第一节　离子交换树脂概述

一、离子交换树脂的类型、名称及型号

(一)离子交换树脂的基本类型

1. 离子交换树脂分类

在水处理中,通过离子交换作用除去水中有害离子的物质称为离子交换剂,目前最常用的交换剂是合成离子交换树脂。根据所交换的离子不同,离子交换树脂分为阳离子交换树脂和阴离子交换树脂两大类,其中按照树脂中的活性基团不同,又有强型树脂与弱型树脂之分。常用离子交换树脂及分类如表 3-1 所示。

表 3-1　常用离子交换树脂及分类

类型	阳离子交换树脂		阴离子交换树脂		
	强酸性	弱酸性	强碱性		弱碱性
			Ⅰ型	Ⅱ型	
活性基团类型	磺酸基	羧酸基	三甲基胺基	二甲基乙醇胺基	伯、仲、叔胺基
	$-SO_3H$	$-COOH$	$-N(CH_3)_3OH$	$OH-N\begin{cases}(CH_3)_2\\C_2H_4OH\end{cases}$	$-NH_3OH$ $-NH_2OH$ $\equiv NHOH$

2. 树脂的基本构成

离子交换树脂(简称树脂)是用化学合成法制成的,它是由许多低分子化合物经聚合或缩合反应,头尾相交而形成长链的高分子化合物。其中低分子化合物称为单体;聚合后形成的长链称为骨架;使单体相互交联成网状结构的化合物称为交联剂;聚合时,交联剂用量占单体与交联剂总量的质量分数称为交联度。交联度越大,骨架中的网状结构越紧密,因此交联度的大小对树脂的性能影响较大,例如树脂的机械强度和密度随交联度的增大而加大;而树脂的含水率、交换能力、溶胀性等,却随交联度的增大而减小。

合成后的高分子化合物称为白球,只是半成品,尚无交换离子的能力。将白球作进一步的化学处理,使骨架中引入可进行离子交换的活性基团,便可得到各种离子交换树脂。离子交换树脂的化学性质取决于引入的基团性质。

锅炉水处理中最常用的强酸性阳离子交换树脂,就是由苯乙烯和二乙烯苯共聚后,形成聚苯乙烯白球,再经过浓硫酸磺化处理,引入磺酸基($-SO_3H$)活性基团而制成。

（二）离子交换树脂的结构类型

离子交换树脂的结构类型，大致可分为凝胶型、大孔型和均孔型等。

1. 凝胶型树脂

用普通聚合法制成的离子交换树脂，具有不规则的网状多孔结构，由于与均相高分子凝胶的结构相似，故称为凝胶型树脂，在水的软化处理中使用较普遍。

凝胶型树脂的孔径很小，一般只有 1～2 nm，因此它的抗污染能力和抗氧化性较差，易受有机物和胶体硅等的污染。另外，由于孔径过小，使得它的交联度不能过大，通常只有 1%～7%，因此其机械强度也较低。为了克服这些缺点，已开发了不少改进型树脂。

2. 大孔型树脂

这种树脂由于在制造过程中加入了一定量的致孔剂，因此其孔径比凝胶型树脂大得多，一般在 20～200 nm 以上，故称为大孔树脂。大孔型树脂实际上由许多小块凝胶型树脂所构成，孔眼存在于这些小块凝胶之间，所以它的交联度可比凝胶型树脂大得多，一般可达 16%～20%，从而使其机械强度也大得多，且不易降解。由于孔径大，有机物、胶体硅等虽然易被树脂截留，但也易从孔中清洗出来，所以它的抗污染能力和抗氧化性均较强。

大孔型树脂的缺点是交换容量较低，再生剂耗量较大，价格较贵等。近年来开发了第二代大孔型树脂，主要是在制造过程中，对孔眼的大小和孔隙度进行了控制，使其更加符合实际应用的需要。这种新树脂的优点是：其交换容量与凝胶型树脂相近，离子交换的反应速度较快，且有比第一代大孔型树脂更好的物理性能和抗污染性。

3. 均孔型树脂

这种树脂是为了防止有机物污染(中毒)而研制的一种强碱性阴树脂。研究认为,强碱性阴树脂之所以易被有机物污染,其主要原因是由于苯乙烯与二乙烯苯交联不均匀所造成。如果交联均匀,孔眼的大小相近,树脂内部不存在紧密区,那么孔眼中截留的有机物就易被洗脱出来,树脂就不易中毒。均孔型树脂就是根据这一原理而制取的,它在制造过程中不用二乙烯苯作交联剂,而改用其他缩合反应,使制得的树脂网孔较均匀。这种均孔型树脂对有机物的吸着是可逆的,所以不易被污染。

(三) 离子交换树脂的名称和型号

为了统一国产离子交换树脂的牌号,原化工部制定了《离子交换树脂产品分类、命名及型号》的部颁标准。主要规定如下:

1. 名称

有机合成离子交换树脂的全称由分类名称、骨架名称和基本名称三部分按顺序依次排列组成。

分类名称:按有机合成离子交换树脂本体的微孔形态分类,分为凝胶型和大孔型等。

骨架名称:按有机合成离子交换树脂骨架材料命名,分为苯乙烯系、丙烯酸系、酚醛系、环氧系等。

基本名称:基本名称为"离子交换树脂"。凡属酸性反应的,在基本名称前冠以"阳"字;凡属碱性反应的,在基本名称前冠以"阴"字。

此外,根据有机合成离子交换树脂中活性基团的性质,分为强酸性、弱酸性、强碱性、弱碱性、螯合性等,分别在基本名称前冠以"强酸"、"弱酸"、"强碱"、"弱碱"、"螯合"等字样。

2. 型号

有机合成离子交换树脂的产品型号,以三位阿拉伯数字表示。对于凝胶型树脂,在三位数字后再用"×"符号连接第四位阿拉伯数字,表示其交联度。凡大孔型树脂,在型号前加"大"字的汉语拼音首位字母"D"。凝胶型树脂,在型号前不加任何字母。交换树脂型号示例见图3-1,前两位数字含义分别见表3-2、表3-3。

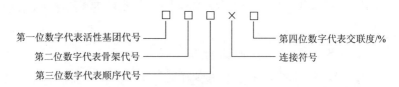

图 3-1 交换树脂型号示例

表 3-2 交换树脂型号第一位数字代表的活性基团代号

代号	0	1	2	3	4	5	6
活性基团	强酸性	弱酸性	强碱性	弱碱性	螯合性	两性	氧化还原性

表 3-3 交换树脂型号第二位数字代表的骨架代号

代号	0	1	2	3	4	5	6
骨架类别	苯乙烯系	丙烯酸系	酚醛系	环氧系	乙烯吡啶系	脲醛系	氯乙烯系

例如001×7,代表凝胶型苯乙烯系强酸阳离子交换树脂,其交联度为7%,它的旧牌号为"732"。D311代表大孔型丙烯酸系弱碱阴离子交换树脂,它的旧牌号为"703"。

二、离子交换树脂的性能

离子交换树脂是高分子化合物,它们的物理性质和化学性质因其制造工艺(例如原料的配方、聚合温度等)的不同而有很大差别,即使是同一工厂、同一类产品,各批次生产的树脂性能往往也有差异。因此,对于商品离子交换树脂的性能,必须用一系列的指标加以说明。

(一)离子交换树脂的物理性能

1. 外观

(1)颜色。离子交换树脂因其组成的成分、基团、结构等不同,而呈现出不同的颜色。例如苯乙烯树脂大都呈黄色,也有些树脂呈白色、黑色或棕褐色等。一般情况下,如果交联剂加入量较多,或者原料中杂质较多时,制出的树脂颜色稍深。通常凝胶型树脂呈半透明状,而大孔型树脂则不透明。

新生产出的离子交换树脂本身颜色一般与其物理性能和化学性能并无大的关系。在使用中,因交换离子的转换,树脂颜色也会发生一些变化,这一般是正常现象。但如果树脂受铁离子或有机物等杂质的污染,颜色明显变深、变暗,就很可能会影响树脂的性能,尤其是交换能力会大大降低,在这种情况下,应对树脂进行复苏处理。

另外,虽然有时同一型号的树脂,各批生产的颜色会略有不同,但同一批生产的树脂颜色应是均匀一致的。如果树脂中明显混杂有不同颜色的颗粒,则该树脂的质量就很难保证,购买时应注意鉴别。

(2)形状。离子交换树脂一般均呈球形状。呈球状颗粒的树脂与树脂总量的质量分数称为圆球率。对于交换柱水处理工艺来说,圆球率越大越好,一般应达90%以上。

(3)粒度。离子交换树脂的粒度,是指树脂以出厂时的活性基团形式,在水中充分膨胀后的颗粒直径。树脂颗粒的大小,对离子交换水处理工艺有较大的影响。颗粒大,离子交换速度慢,树脂交换容量小;颗粒小,水流通过树脂层的压力损失大,当树脂颗粒过小时,还会严重影响交换器的出力,而且树脂容易跑失。如果颗粒大小相差很大,对交换器的运行和再生也很不利,首先会造成水流分布不匀,阻力增大;其次在反洗时,若流速过大易冲走小颗粒树脂,流速过小则不能松动大颗粒树脂。对一般交换器来说,树脂粒度以选用20~50目(0.84~0.3 mm)为好。树脂粒度的表示法和过滤介质的粒度表示法一样,可以用有效粒径和不匀系数表示。

2. 密度

离子交换剂的密度是水处理工艺中的实用数据,由于离子交换剂在应用中呈湿态,所以根据其含意不同,常用湿真密度和湿视密度来表示。

(1)湿真密度。指树脂在水中经过充分浸泡膨胀后,树脂颗粒的密度。

$$湿真密度 = \frac{湿树脂质量}{湿树脂的真体积}(g/mL)$$

这里的湿树脂真体积,是指颗粒在湿的状态下本身的体积,它包括颗粒中的孔眼及孔眼中所含的水分,但颗粒与颗粒之间的空隙不应算入。湿真密度与树脂在水中的沉降性能有关,它是影响其实际应用性能的一个指标,例如在采用双层床或混合床等工艺时,就需根据工艺要求选择湿真密度合适的树脂。一般该数值在1.04~1.3 g/mL之间,阳树脂的湿真密度通常比阴树脂大。

(2)湿视密度。指树脂在水中经充分浸泡膨胀后的堆积密度：

$$湿视密度 = \frac{湿树脂质量}{湿树脂的堆体积}(g/mL)$$

此值一般在 0.60~0.85 g/mL 之间，通常阴树脂较轻，偏于下限；阳树脂较重，偏于上限。湿视密度常用来估算交换剂的装载量。

3. 含水率

离子交换树脂的含水率，是指在潮湿空气中，树脂本身所保持的水量，它包括树脂结构中亲水活性基团的水合水分和交联网孔中的游离水分。树脂的含水率与交联度有关，交联度越低，含水率越大。例如，交联度为 1%~2% 时，含水率可达 80% 以上，交联度为 7% 时，含水率通常只有 45%~55%。含水率越小，往往表明树脂中能够进行离子交换的活性基团越少，其交换能力也就越低。

4. 溶胀性

将干燥的离子交换树脂浸入水中时，其体积往往会变大。有时树脂在失效耐和再生后，体积也会发生变化，这种现象称为树脂的溶胀性。影响树脂溶胀性大小的因素有以下几种：

(1)溶剂。树脂在极性溶剂(如水)中的溶胀性，通常比在非极性溶剂中要大。

(2)交联度。树脂交联度越大，骨架中的分子结构越紧密，溶胀性越小。

(3)活性基团。树脂中引入的活性基团越容易电离(例如强酸性、强碱性基团)，树脂的溶胀性越大。

(4)交换容量。同一类型的树脂,其交换容量越大,离子的水合程度越大,溶胀性也就越大。

(5)溶液浓度。溶液中电解质浓度越大,树脂的溶胀性越小。例如干燥树脂浸泡在饱和食盐水中时,其体积变化比直接浸泡在水中时要小。

(6)可交换离子的本质。可交换离子的水合离子半径越大,树脂的溶胀性越大,对于强酸和强碱性离子交换树脂,各种离子对其溶胀性大小的影响次序为:

$$H^+ > Na^+ > NH_4^+ > Mg^{2+} > Ca^{2+}$$
$$OH^- > HCO_3^- \cong CO_3^{2-} > SO_4^{2-} > Cl^-$$

一般地,强酸性阳离子交换树脂由 Na 型转为 H 型,强碱性阴离子交换树脂由 Cl 型转为 OH 型,其体积将增加约 5~10%。

由于离子交换树脂具有这样的性能,因而在其交换和再生的过程中会发生胀缩现象,多次的胀缩会促使树脂颗粒破碎,因此树脂在长期使用中经频繁地失效和再生,也会发生破碎。另外,干燥的树脂如果直接浸泡在水中,树脂也会因一下子溶胀而碎裂,因此干燥树脂必须先浸泡在饱和食盐水中,让其逐渐溶胀。

5. 耐热性

各种离子交换树脂所能承受的温度都是有限度的,超过此温度,树脂就会发生热分解,这对树脂的强度和交换容量都会有很大影响。通常阳离子交换树脂比阴离子交换树脂耐热性能好,盐型树脂比酸型或碱型树脂耐热性能好。

一般阳离子交换树脂在 100 ℃ 以下,阴离子交换树脂在 60 ℃ 以下使用都是安全的。生产中如有条件,可适当提高系统的温度,以利树脂的交换和再生过程。

6.溶解性

离子交换树脂是一种不溶于水的高分子化合物,但在产品中免不了会含有少量低聚合物。这些低聚合物较易溶解,因此有些新树脂在使用初期,往往会因低聚合物逐渐溶解,而使出水带有颜色。

离子交换树脂在使用中,有时也会发生某些高分子转变成胶体渐渐溶入水中的现象,此即称为"胶溶"现象。促使"胶溶"发生的因素有:树脂的交联度小,电离能力大,离子的水合半径大,以及树脂受高温或被氧化的影响等,特别是强碱性阴树脂,易受这些影响而产生胶溶现象。另外,离子交换树脂处于纯水中要比在盐溶液中易胶溶,Na 型树脂比 Ca 型易胶溶。再生后备用的离子交换器刚投入运行时,有时会产生出水带黄色的现象,就是树脂发生胶溶的缘故。

7.耐磨性

树脂的耐磨性也即树脂的机械强度,是关系到树脂使用寿命的一项经济指标。离子交换树脂颗粒在运行和再生时,常会因水流的冲刷、相互间的摩擦及胀缩作用而发生碎裂现象。树脂的耐磨性,主要表现在树脂的年损耗上,一般要求树脂的机械强度应能保证树脂的年损耗量不超过 3%～7%。

树脂产品的耐磨性与其交联度有关,交联度大的树脂,耐磨性好。但树脂的不当使用,例如树脂经常干燥失水,或者受游离氯氧化等,都会严重影响其耐磨性。

从上述几点可知,离子交换树脂的质量与其物理性能有着相当密切的关系。购买树脂时,除了要查看质量证书的数据外,还可根据其外观,作初步判断:凡树脂颗粒大小不一、颜色混杂不匀、半球状颗粒较多、耐磨性较差,用手指便能捻碎的树脂,往往都是质量较差甚至是伪劣树脂,用这种树脂进行水处理,不但再生剂耗量高,而且出水难以达到合格。

(二)离子交换树脂的化学性能

离子交换树脂的化学性能包括离子交换、催化和形成络盐等。对于水处理来说,以离子交换最为重要,因此本节主要介绍有关离子交换方面的化学性能。

1. 离子交换反应的可逆性

树脂中发生的离子交换反应是可逆的,例如当含有硬度的水通过钠离子交换树脂时,水中的 Ca^{2+}、Mg^{2+} 与树脂中的 Na^+ 进行交换反应,使出水得到软化。如果以 R 代表树脂中的离子交换基团,则软化过程的反应式为:

$$2RNa + Ca^{2+}(Mg^{2+}) \rightarrow R_2Ca(R_2Mg) + 2Na^+$$
有效树脂　　硬水　　　　失效树脂　　软水

当反应进行到树脂失效后,用食盐溶液处理此失效树脂,即利用离子交换反应的可逆性,使食盐中的 Na^+ 再与树脂中的 Ca^{2+}、Mg^{2+} 进行交换反应,使树脂恢复软化能力。其反应式如下:

$$2Na^+ + R_2Ca(R_2Mg) \rightarrow 2RNa + Ca^{2+}(Mg^{2+})$$
盐水　　失效树脂　　有效树脂　　废液排放

这两个反应,实质上就是可逆反应中正、反方向化学平衡移动的结果。由此可见,离子交换反应的可逆性,是离子交换树脂可以交换再生反复使用的依据,也是离子交换软化水处理的工作原理。

2. 酸、碱性

H 型阳离子交换树脂和 OH 型阴离子交换树脂的性能

与电介质酸、碱相同,在水中有电离出 H^+ 和 OH^- 的能力,其酸碱性的强弱,主要取决于树脂所带交换基团的性质。

例如:磺酸型($R—SO_3H$)是强酸性阳离子交换树脂;羧酸型($R—COOH$)是弱酸性阳离子交换树脂;季铵型($R\equiv NOH$)是强碱性阴离子交换树脂;伯铵($R—NH_3OH$)、仲铵($R=NH_2OH$)、叔铵($R\equiv NHOH$)型是弱碱性阴离子变换树脂。

强酸性 H 型离子交换树脂在水中电离出 H^+ 的能力较大,所以它容易与水中其他各种阳离子进行交换反应;而弱酸性 H 型离子交换树脂在水中电离出 H^+ 的能力较小,故当水中有一定量的 H^+ 时,就显示不出交换反应。强碱性和弱碱性阴离子交换树脂的情况与此类似。

3. 中和、水解

离子交换树脂的中和与水解的性能和一般电解质一样。例如,H 型离子交换树脂能与碱溶液发生中和反应,当强酸性 H 型树脂遇到强碱时,中和反应可进行得很完全:

$$RSO_3H + NaOH \rightarrow RSO_3Na + H_2O$$

OH 型离子交换树脂与酸的中和反应也类似。因此,和一般化合物酸碱性强弱的测定一样,H 型或 OH 型离子交换树脂酸碱性的强弱,也可用测定滴定曲线的办法求得。

离子交换树脂的水解反应也和一般电解质的水解反应一样,当水解生成物有弱酸或弱碱产生时,水解度就会增大,例如:

$$RCOONa + H_2O \rightarrow RCOOH + NaOH$$
$$RNH_3Cl + H_2O \rightarrow RNH_3OH + HCl$$

所以,具有弱酸性基团和弱碱性基团的离子交换树脂的盐型容易水解。

4. 离子交换树脂的选择性

离子交换树脂对溶液中各种离子的交换能力并不相同。如对同一种阳离子交换树脂来说,有些离子(如 Fe^{3+})易被树脂交换吸着,但吸着后置换下来很困难;而另一些离子(如 Na^+)较难被吸着,但置换下来却较容易,树脂的这种性能称为离子交换的选择性。离子交换树脂在交换和再生过程中受选择性的影响很大,因此它在实际应用中有很重要的意义。

影响离子交换树脂选择性的因素很多,例如交换离子的种类、树脂本身的性质、溶液的浓度等。由于一般天然水中所含各种离子浓度都不大,所以对于锅炉给水的离子交换处理来说,选择性的顺序规律一般如下:

(1)强酸性阳离子交换树脂对常见阳离子的选择性顺序为:

$$Fe^{3+} > Al^{3+} > Ca^{2+} > Mg^{2+} > K^+ \approx NH_4^+ > Na^+ > H^+$$

(2)弱酸性阳离子交换树脂对常见阳离子的选择性顺序为:

$$H^+ > Fe^{3+} > Al^{3+} > Ca^{2+} > Mg^{2+} > K^+ \approx NH_4^+ > Na^+$$

(3)强碱性阴离子交换树脂对常见阴离子的选择性顺序为:

$$SO_4^{2-} > NO_3^- > Cl^- > OH^- > HCO_3^- > HSiO_3^-$$

(4)弱碱性阴离子交换树脂对常见阴离子的选择性顺序为:

$$OH^- > SO_4^{2-} > NO_3^- > Cl^- > HCO_3^-$$

从上述规律可以看出,弱酸性树脂很容易被酸再生;弱碱性树脂也很容易被碱再生,但它对 HCO_3^- 交换能力很弱,对

$HSiO_3^-$ 则不能交换。由此可见,设置弱型交换剂可降低再生剂的耗量,但如果要求除去水中的 Na^+ 和 $HSiO_3^-$ 时,则必须设置强酸性阳离子交换剂和强碱性阴离子交换剂。另外还可以看出,Na^+ 和 $HSiO_3^-$ 总是最后被交换,因此对于 H 型离子交换剂,通常将出水漏 Na^+ 作为交换器运行控制终点,而对于强碱性 OH 型离子交换剂,则将出水漏 $HSiO_3^-$ 作力交换器运行控制终点。

上述选择性顺序只适用于低含盐量的水,如在高含盐量溶液中,选择性顺序会有一些不同,某些低价离子会居于高价离子之前。例如钠离子交换器再生时,在一定浓度的盐液中,有时树脂对 Na^+ 的吸取会优先于 Ca^{2+}、Mg^{2+}。

5. 交换容量

交换容量是表示离子交换剂能够交换多少离子量的一项技术指标。其常用的计量单位有两种:一是质量单位表示法,通常指单位质量的干离子交换剂能够交换离子的量,常用 $mmol/g$ 表示;另一种是体积单位表示法,通常指单位体积的湿态离子交换剂能够交换离子的量,常用 mol/m^3 表示。

由于离子交换剂在不同形态时,其质量和体积有所不同,因此在表示交换容量时,为统一起见,一般阳离子交换剂以 Na 型为准(也有以 H 型为准的),阴离子交换剂以 Cl 型为准。在实际应用中,交换容量常用以下两种方法表示。

(1) 全交换容量(E)。全交换容量表示一定量的离子交换剂中活性基团的总量,它反映出交换剂中所有交换基团全部起作用时所能交换离子的量。

离子交换树脂全交换容量的大小与树脂的种类和交联度有关。对于同一种交换树脂来说,交联度一定时,它是一个常数,可以用化学分析的方法测定。一般树脂出厂质量证明书中,大部用质量单位来表示全交换容量。例如钠离子交换软化水处理常用的国产 001×7 强酸性阳离子交换树脂的全交换容量一般 $\geqslant 4.2$ mmol/g。

(2)工作交换容量(EG)。工作交换容量是指交换剂在工作状态下所能交换离子的量,一般用体积单位来表示。在实际工作中,这是一项十分重要而又实用的指标。由于影响工作交换容量的因素很多,因此即使是相同的交换剂,它也并非是个常数。通常影响树脂工作交换容量的因素主要有以下几方面。

①交换剂的粒度。体积相同的同种离子交换剂,颗粒越小,其比表面积就越大,交换容量也就越大。但颗粒过小,水流通过交换剂层的压力损失较大,将影响交换器出力。

②交换剂层高度。交换剂层越高,交换剂的利用率越高,工作交换容量越大。因此交换器的交换剂层高一般不能低于 0.8 m。

③原水水质。在同样的流速下,原水的含盐量、硬度及 Na^+ 含量增高,工作交换容量将下降。另外,交换器交换终点的控制指标及标准,也会影响工作交换容量。

④离子交换器的构造。交换器的布水分配是否均匀、交换器直径与交换剂层高的比例、再生的方式等都对工作交换容量有一定的影响。一般直径与高度之比值越小,工作交换容量越大。

⑤运行条件。主要是流速和温度对工作交换容量影响较大:流速过高,交换容量下降,例如树脂填装高度为 1.5 m 的交换器,当运行流速由 10 m/h 上升至 30 m/h 时,工作交换

容量将降低 10%～15%；提高温度，能加快离子交换速度，从而提高工作交换容量。因此，在产水和再生过程中，适当地控制流速和提高温度，都将是有利的。

⑥溶液的酸碱性。溶液的酸碱性对树脂反应过程有较大的影响。例如：对于阳离子交换树脂，当溶液的 pH 值降低时，会使树脂的酸性基团活动性下降，其工作交换容量也会随之降低；而对于阴离子交换树脂，当溶液的 pH 值降低时，却能加速树脂中碱性基团的离解，从而提高其工作交换容量。反之，若溶液的 pH 值增大，则会降低阴树脂的工作交换容量。在除盐系统中，通常都将阴离子交换放在氢型离子交换之后，其原因之一，便是为了提高阴树脂的工作交换容量。

⑦再生程度。逆流再生比顺流再生工作交换容量大。交换剂的再生程度，对其工作交换容量有很大的影响。再生越充分，工作交换容量越大。但在实际应用中，若为了使交换剂充分再生，而耗费过多的再生剂，也是不经济的。一般应选择合适的再生比耗，既能使交换剂得到较好的再生，又不消耗过多的再生剂，这时的交换容量称为实用工作交换容量。

⑧交换剂质量。交换剂本身质量差，如运行中受悬浮物或有机物污染、Fe^{3+}"中毒"或被游离氯氧化等，都会大大降低树脂的工作交换容量。

第二节 离子交换树脂的使用与存放

离子交换树脂虽然有很高的稳定性，但是如果使用或储存不当，也易受到污染或破损，从而导致其交换能力下降甚至丧失。因此在实际工作中，应充分注意树脂的正确使用和保管,防止污染、避免破碎,并在树脂一旦受污染后,及时进行处理。

一、离子交换树脂的使用

1. 新树脂的预处理

新树脂在使用之前,应进行预处理,其目的是洗去树脂表面的可溶性杂质及树脂在制造过程中所夹杂的金属离子,并使树脂转型成所需要的形式。树脂经适当的预处理,不仅可提高其稳定性,而且可以活化树脂、提高工作交换容量和出水质量。

注意:树脂使用前应先检查是否处于湿的状态,如果树脂在运输或储存过程中脱了水,切不可将树脂直接浸入水中,否则容易使树脂因急剧膨胀而破裂。对于已脱水的树脂,必须先在饱和食盐水中浸泡一定时间,然后逐渐用水稀释,使树脂缓慢地膨胀到最大体积。然后再进行预处理。

树脂的预处理可在交换器内进行。树脂装入交换器时,可采用水力输送或人工填装。填装完成后,宜先对树脂进行反洗,以除去混在树脂中的机械杂质和细碎粉末。反洗至出水澄清且不呈黄色后再作下一步的清洗转型处理。

(1) 钠离子交换树脂的预处理

采用钠离子交换器软化处理时,所用交换器内壁大都只涂刷了防腐漆,而未作衬胶等防酸处理,所以不能在交换器内对树脂进行酸、碱处理。由于强酸性阳树脂通常都以 Na 型出厂,因而对用于钠离子交换软化处理的新树脂,一般不再作酸碱预处理和转型处理,但新树脂最好用 10%~15% 的食盐水浸泡 18~20 h,然后用水清洗至出水合格,便可投入运行。

(2) H 型阳离子交换树脂的预处理

先将阳树脂浸泡于 2‰～4‰ NaOH 溶液中,经 4～8 h 后进行小流量反洗,至洗出水澄清、耗氧量稳定,且呈中性为止。然后再将树脂浸泡于 5‰ HCl 溶液中,经 4～8 h 后进行正洗,至排水 Cl^- 含量与进水相接近为止。

(3) OH 型阴离子交换树脂的预处理

将阴树脂浸泡于 5‰ HCl 溶液中,经 4～8 h 后,用氢离子交换器的出水进行小流量反洗,至排水 Cl^- 含量与进水相接近为止。然后再用 4‰ NaOH 溶液浸泡,经 4～8 h 后再用氢离子交换器的出水进行正洗,至排水接近中性为止。

H 型和 OH 型离子交换树脂预处理后,还需再次用日常再生的步骤进行动态的再生,进一步提高树脂的再生程度,确保出水合格才能投入运行。

2. 树脂在使用中应注意的问题

为了延长树脂的使用寿命,树脂在使用中应注意以下两个问题:

(1) 保持树脂的强度:为了保持树脂的强度,应尽量避免或减少对树脂的磨损,并防止树脂交替地风干和湿润、冷冻和过热等。

(2) 保持树脂的稳定性:为了保持树脂的稳定性,就要尽量避免或减少对树脂的污染。如悬浮物、有机物、铁离子、游离氯等杂质的污染,都会对树脂产生很大的影响。

二、树脂的存放

(1) 湿态保存。树脂如失水风干会大大影响其强度和使用寿命,因此必须注意保持树脂的水分。储存时,可将树脂浸泡在清水中或食盐水中。如果是包装未拆封的新树脂,应注意包装的密封和完整,防止因包装破损而使树脂失水。

(2)盐型存放。交换器如停用时间较长,一般应将已使用过的树脂转成出厂时的盐型,而不要以失效态存放。通常阴、阳树脂都可用 10% NaCl 溶液处理,使阳树脂转成 Na 型,阴树脂转成 Cl 型。

(3)防冻防热。树脂在储存和运输过程中,温度不宜过高或过低,一般最高不超过 40 ℃,最低不得在 0 ℃ 以下。所以树脂不宜放在高温设备附近,夏季不要放在阳光直接照射的地方;冬季应注意保温,如无保温条件,可将树脂储存在相应浓度的食盐水中,以免冻裂。不同浓度 NaCl 溶液的冰点见表 3-4。

表 3-4 不同浓度 NaCl 溶液的冰点表

NaCl 的质量分数(%)	5	10	15	20	23.5
冰点(℃)	−3.0	−7.0	−10.8	−16.3	−21.2

(4)防止污染和防霉。新树脂储存时,应避免和铁容器、氧化剂、油类及有机溶剂等接触,以防树脂污染。交换器长期停用时,为防止交换器内壁及树脂表面因微生物繁殖而长青苔等藻类或发霉,应定期更换交换器内的清水,尤其在温度较高的条件下,更应注意。必要时可作灭菌处理:可用 1%～2% 的过乙酸或 0.5%～1% 甲醛灭菌溶液浸泡数小时,然后用水冲洗至不含灭菌剂为止。

此外,树脂在储存时还应防止重物的挤压,以免破碎。如使用多种型号交换剂的,要分别存放,并保护好包装上的标签,以防不同类型的交换剂混用。

三、离子交换树脂污染及其处理与防止

离子交换树脂在使用(存放)过程中,由于有害杂质的侵入,使树脂性能明显变坏的现象,称为树脂的污染。树脂污染有两大类:一是受到氧化剂等污染,树脂的化学结构受到破坏,交换基团降解或交联键链断裂,树脂受到这种污染后将无法恢复,故称为树脂变质或"老化";二是树脂内的交换微孔被杂质堵塞或表面被覆盖、交换基团被占据,致使树脂的交换容量明显下降,再生困难,这种现象称为树脂"中毒",可通过适当的处理,清除污染物,从而使树脂性能恢复或有所改进,这种使树脂性能恢复的处理称为树脂"复苏"。

(一)树脂变质及其防止

1.游离氯氧化

树脂变质的主要原因是由于水中含有氧化剂,尤其是自来水中残留的游离余氯含量过高($\geqslant 0.5$ mg/L)时,就会使树脂结构遭到破坏,当温度较高或水中有重金属离子存在时,更易加速树脂变质。

树脂变质的现象为:颜色变浅,透明度增加,体积增大,此后树脂的强度急剧下降,导致树脂大量破碎,工作交换容量降低。但初期时,其全交换容量变化不大。由于树脂变质是无法逆转的,因此被余氯污染严重的树脂将会全部报废。

2.游离氯的除去

天然水中一般不含游离氯,自来水或经预处理的水常常需加氯灭菌。一般余氯含量在 $0.3\sim 0.5$ mg/L 对树脂影响不大,但如果余氯含量大于 0.5 mg/L 就需要采取措施除去,以防树脂受氧化变质。目前常用的除去余氯方法有两种:一

种是在交换器前设置活性碳过滤器,除去游离余氯;另一种是在自来水中投加亚硫酸钠还原剂,通过氧化还原反应除去氧化性物质。这两种方法中,活性碳过滤效果较好,而且能同时降低水的浊度,提高水质,但活性碳吸附饱和后不易再生,更换活性碳成本较高。亚硫酸钠法会增加水中硫酸盐含量,加大除盐处理的负担,对于采用软化水处理的,要求更加严格控制给水的硬度,否则易使锅炉结生硫酸盐水垢。

(二)铁、铝离子污染及其处理

1. 铁、铝离子"中毒"的原因和现象

由于铁、铝离子很容易被树脂吸附,而不容易洗脱,因此当水中铁铝离子含量较高时,树脂的交换基团易被铁铝离子占据而使交换能力大大降低。一般水中铝离子含量并不高,除了铝盐混凝预处理不正常使残余铝过高外,通常树脂受铝污染的不多,因此以下主要叙述铁离子的污染及防止。

树脂受铁污染的原因,主要是水源水或再生剂中含铁量过高($\geqslant 0.3$ mg/L),及钢制的水处理设备(特别是未作内衬的钠离子交换器及铁制的盐水罐)防腐不良所造成。当再生剂不纯时,阴树脂往往更易受到铁污染。树脂受铁污染的现象为:颜色明显地变深、变暗,严重时甚至变成暗褐色或黑色;再生困难,交换容量大大降低,产水量明显减少且出水水质变差。

2. 铁离子"中毒"的处理

受铁污染后的树脂可用盐酸处理进行复苏。对于除盐系统,可用原有的酸再生系统配制所需浓度的酸洗液,在交换器中进行酸洗处理;对于钠离子交换器,必须将树脂转移到能耐酸的容器中进行酸洗,以免酸腐蚀金属。酸洗前,应先取少量树脂通过化验室试验来确定最适宜的酸洗液浓度和酸洗时间。一般可采用 8%~12% HCl 将树脂浸泡或低流速循环，最好二者交替进行，时间约 10~20 h，在酸清洗期间，应定期测定酸洗液的浓度，如果铁污染较严重，酸浓度下降较快，宜在中途更换部分酸液，以使复苏彻底。

钠离子交换树脂和阴离子交换树脂在酸洗结束并用水清洗后，应用相应的再生剂进行转型处理。例如钠离子交换树脂酸洗后，先用清水清洗树脂至排水接近中性，然后用 1%~2% NaOH 浸泡或低流速循环 2~4 h，再用 10% 食盐水浸泡 15~20 h，最后再用清水正洗至出水氯离子含量接近进水含量。

3. 防止铁、铝离子"中毒"的措施

为防止铁、铝污染，对钠离子交换树脂来说，首先应注意设备及管道的防腐，对有锈蚀的交换器须及时进行除锈并涂刷防腐材料，盐水罐最好用非钢、铝制材料制作，锈蚀严重的管道应及时更换。对除盐系统来说，应注意再生剂的质量；交换器运行几年后，应在大修期作交换器内壁的电火花检查，防止橡胶衬里老化龟裂造成铁腐蚀而使树脂铁"中毒"。另外，对含铁量高的水源水，宜先进行除铁预处理。

（三）有机物污染

当水中存在油脂类、腐殖酸及其他有机物时，极易在树脂表面形成一层油膜，堵塞离子交换树脂的微孔，对活性交换基团起封闭作用，从而严重影响树脂的工艺性能。

1. 树脂污染鉴别

树脂受有机物污染的现象为：树脂层易结块，树脂密度减小，颜色变深发黑，交换容量明显下降，再生困难，出水水质变差。这些现象极易与树脂受铁污染的现象混淆，其区别办法为:取少量受污染的树脂放入小试管中,加入少量水后摇动2～5 min,然后仔细观察水面,如果是受有机物污染的,会看到有"彩虹"现象。也可将少量树脂浸泡在5%～10%HCl中,经2～4 h后,若溶液颜色变成黄绿色,且树脂颜色转浅,为铁污染。

2.有机物污染的处理和防止

树脂受有机物污染后的复苏方法:一般可用2%～4%NaOH和8%～10%NaCl混合溶液,加热至40～50 ℃后,对树脂进行碱洗。碱洗可分2～4次进行,每次持续时间为6～8 h,中间用水冲洗。用此混合液处理阴树脂时,树脂易漂浮在混合液的上层,影响处理效果,操作时应加以注意。

要防止有机物污染,关键是对含有机物的原水采取混凝、过滤或活性碳过滤等预处理,防止有机物进入离子交换器。

如果原水中经常含有氧化剂、铁化合物、有机物等杂质,将极大地影响凝胶型离子交换树脂的正常运行。在这种情况下,建议改用大孔型离子交换树脂,因为这类树脂具有较强的抗氧化性和抗污染能力,且机械强度好。

3.悬浮物污染

如果交换器进水浊度较高(>5NTU)、大反洗强度不足或者由于上布水装置过于严密,以致悬浮杂质无法洗出,造成树脂层中悬浮物积聚污染树脂,严重时使树脂与污泥结聚成团,影响再生效果,降低树脂的工作交换容量。

防止悬浮物污染的措施,主要是严格控制进水的浊度,并在大反洗时应有足够的反洗强度,尽量将树脂层中的悬浮杂质冲洗干净。对于已受悬浮物污染的树脂可在大反洗时通入压缩空气进行擦洗或者采用超声波清洗,对于受悬浮物严重污染的树脂,可将树脂取出体外,除去包裹树脂的泥团。

第三节 钠离子交换设备

锅炉结垢的主要原因是由于锅炉给水中存在 Ca^{2+}、Mg^{2+}，钠离子交换的目的就是除去水中的 Ca^{2+}、Mg^{2+}，使硬水变成软水，以防止锅炉结垢。当水源水的碱度不高时，低压锅炉的给水都可采用钠离子交换处理。

一、钠离子交换的软化过程

钠离子交换器运行时，当水流从上至下通过树脂层时，水中的 Ca^{2+}、Mg^{2+} 与钠型树脂中的 Na^+ 进行交换反应，其反应过程如下所示：

$$2RNa + Ca^{2+}(Mg^{2+}) \rightarrow R_2Ca(R_2Mg) + 2Na^+$$

有效树脂　　　硬水　　　　失效树脂　　软水

当水流首先接触的上层树脂失效后，继续进入的原水就与下一层树脂进行离子交换，从而使交换工作层不断下移(图 3-2)。

如图 3-2 所示，交换器内整个树脂层分为三个区域。上部是失效层，在这一层中由于前期的运行，Na 型树脂全部转为 Ca^{2+}、Mg^{2+} 型，失去了继续软化的能力，水通过这层时不再发生变化，故这一层称为失效层；在它下面的一层是交换层，也称工作层，水通过这一层时，水中的

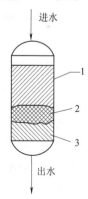

图 3-2　交换器中的树脂分层示意图

1—失效层；2—工作层；3—尚未交换层(保护层)

Ca^{2+}、Mg^{2+} 与有效树脂中的 Na^+ 进行交换反应,因此这层树脂中既有 Na 型的,也有 Ca、Mg 型的;工作层下面是尚未起交换反应的有效树脂层。随着交换器的运行,失效层的区域不断增大,工作层不断下移,未交换区域随之减少。当工作层下移至接近树脂层底部时,出水中将会因 Ca^{2+}、Mg^{2+} 穿透而出现硬度。所以为了保证出水合格,最底层应保留一定的 Na 型树脂起保护作用,因此当工作层到达底部之前,就应再生交换器。从以上分析可知,实际上工作层或保护层中有部分树脂并未完全发挥离子交换的作用,因此它们在整个树脂层中所占的比例越小,树脂利用率越高。这也是增加离子交换树脂层高度,可提高交换器工作交换容量的原因。此外,在交换器运行中,离子交换工作层厚度对工作交换容量的影响也是显而易见的,影响工作层厚度的因素很多,主要有:

① 运行流速:水通过交换剂层的流速越快,工作层越厚。

② 原水水质:出水质量标准一定时,原水中要除去离子浓度越大(对钠离子交换而言,原水中硬度越高),工作层越厚。

③ 水流温度和树脂颗粒:水流温度低,颗粒大,交换反应的速度慢,工作层就越厚。

在实际运行中,当原水硬度增大,冬季温度降低时,可适当降低运行流速,以使工作层厚度不至变厚,从而保持其工作交换容量和出水质量。

原水经钠离子交换处理后,水中的硬度被除去,碱度保持不变,溶解固形物稍有增加,这是因为 Ca^{2+}、Mg^{2+} 被 Na^+ 交换后,Na 的摩尔质量(23 g/mol)比 1/2Ca 和 1/2Mg 的摩尔质量(20 g/mol 和 12 g/mol))略高之故。

二、钠离子交换的再生过程

当钠离子交换树脂失效后,为了恢复其软化能力,必须用 Na^+ 再生剂进行再生,最常用的再生剂为食盐(NaCl)溶液。再生过程如下式所示:

$$2Na^+ + R_2Ca(R_2Mg) \rightarrow 2RNa + Ca^{2+}(Mg^{2+})$$
　　盐水　　失效树脂　　有效树脂　　废液排放

再生是离子交换器使用过程中十分重要的一个环节。掌握和了解再生的有关理论,对离子交换器的正确应用和经济运行很有实际意义。

(一)再生剂的耗量和比耗

使交换剂恢复 1 mol 的交换能力,所消耗再生剂的量(g),称为再生剂的耗量,用食盐再生时,也称为盐耗。由于离子交换是按等物质的量进行的,所以从理论上计算,使交换剂每恢复 1 mol 的软化能力,需 58.5 gNaCl。但实际再生时,所需的盐耗往往要大于理论值,通常将再生剂的实际耗量与再生剂的摩尔质量(即理论量)的比值称为再生剂的比耗。钠离子交换器的再生盐耗和比耗可按下式计算:

$$盐耗 = \frac{m_{cz}}{Q(YD - YD_c)} \approx \frac{m_{cz}}{Q \times YD}$$

$$盐再生比耗 = \frac{再生剂耗量}{再生剂摩尔质量} = \frac{盐耗}{58.5}$$

式中:m_{cz}——再生一次所用纯再生剂的量(按 100% 计),g;

Q——离子交换器的周期制水量,m^3;

YD——制水周期中原水的平均硬度,mmol/L;

YD_c——软化水的残留硬度,当它比原水硬度小很多时,可忽略不计；

58.5——NaCl 的摩尔质量, g/mol。

再生剂的耗量或比耗是很重要的一项经济指标,常和工作交换容量一起作为离子交换器运行时经济性好坏的衡量指标。

(二) 顺流再生与逆流再生

固定床离子交换器按其再生运行方式不同,可分为顺流再生和逆流再生两种方式。

1. 顺流再生

再生时再生液流动的方向与交换运行时水流方向一致的称为顺流再生。顺流再生一般都是由上向下流动,由于再生液首先接触的是交换器上部已完全失效的树脂,当再生液从上至下流至交换器底部的保护层树脂时,再生液中不但 Na^+ 含量已很低,而且还含有大量已被交换下来的 Ca^{2+}、Mg^{2+},从离子交换的可逆性可知,这种情况非常不利于平衡向再生方向移动。因此顺流再生时交换器底部树脂一般不能获得较好的再生,有时底部的保护层树脂甚至会被再生下来的 Ca^{2+}、Mg^{2+} 污染,影响出水质量。为了提高树脂的再生程度,就需要增加再生剂的用量,因此顺流再生时盐耗往往较大。

2. 逆流再生

再生时再生液流动的方向与交换运行时水流方向相向的称为逆流再生,或称对流再生。目前国内常用的固定床逆流再生有两种:一种是运行时水流方向从上往下流动,再生时再生液从下往上流动,习惯上称此为固定床逆流再生工艺;另一种是运行时水流方向从下往上流动,利用水流的动能,使树脂以密实的状态浮动在交换器上部,而再生时,树脂往下回落,再生液从上往下流动,习惯上称此为浮动床工艺。

逆流再生时,再生液首先接触的是失效程度校低的保护层,当流至失效程度最高的交换剂层时,虽然交换下来的 Ca^{2+}、Mg^{2+} 浓度较高,但由于随即被排出,因此十分有利于平衡朝再生方向移动。由于逆流再生可使树脂保护层(出水处)再生十分彻底,所以即使树脂表层(进水处)的再生度差些,也不会影响其出水质量。

逆流再生与顺流再生相比,具有出水质量好、再生比耗低、工作交换容量大等优点,所以现在一般离子交换器大多采用逆流再生工艺。但顺流再生也有设备结构简单,再生操作方便,有利于自动控制等优点,因此目前自动再生离子交换器(也称软水器)大多采用顺流再生工艺。

(三)影响再生效果的因素

影响再生效果的因素很多,主要有下列几点:

1. 再生方式

如上所述,一般逆流再生的效果比顺流再生好。不过对于固定床逆流再生来说,再生操作的方法必须要正确,特别是交换剂不能乱层(交换剂层由于反洗松动而使得上下层次被打乱的现象称为乱层),否则逆流再生的效果也会大受影响。

2. 再生剂用量

一般来说再生剂的用量是影响再生程度的重要因素,它对树脂交换能力的恢复和经济性有直接关系。当再生剂用量不足时,树脂再生度低,工作交换容量受影响,制水周期缩短,交换器自耗水量增大,有时甚至会影响出水质量;适当增如再生剂的比耗,可提高树脂的再生程度,但比耗增加到一定量后,再生程度不会再有明显提高,这时如果继续增加再生剂用量就会造成浪费,所以采用过高的再生剂比耗也是不经济的。一般固定床离子交换器再生一次所需的再生剂用量(m_z)可按式(3-1)估算:

$$m_z = \frac{V_R \times E \times k \times M}{1\,000 \times \varepsilon} \tag{3-1}$$

式中:m_z——再生一次所需再生剂用量,kg;

V_R——交换器内树脂的填装量,m³($V_R = \pi \times R^2 \times h_R$。其中 R 为交换器内壁半径,m;$h_R$ 为树脂的填装高度,m);

E——树脂的工作交换容量,一般强酸性阳树脂为 800~1 500 mol/m³;

k——再生剂比耗,对于强型离子交换树脂一般逆流再生时取 1.2~1.8;顺流再生时取 2~3.5;对于弱型离子交换树脂一般只需取 1.0~1.5 即可;

M——再生剂的摩尔质量,NaCl 为 58.5 g/mol(H 型离子交换再生剂 HCl 为 36.5 g/mol);

ε——再生剂的纯度,一般食盐中 NaCl 含量为95%~98%。

3. 再生液浓度

当再生剂用量一定时,在一定范围内,其浓度越大,再生程度越高,当浓度达到某一数值时,再生程度呈现一个最高值。例如用食盐为再生剂时,其浓度为 5%~10%较为合适。如果再生液浓度太低,则再生不完全,而且再生所需时间长,设备自耗水量大。但再生液浓度也不能过高,因为再生剂用量一定时,浓度越高,再生液体积越小,与树脂的反应就不容易均匀地进行,而且过高的浓度还会使交换基团受到压缩,反而会使再生效果下降。

为了合理地利用再生液,实际操作时也可采用再生液先稀后浓的再生方法,例如用食盐再生时,可先将一次再生用盐量的 1/3 配成浓度约 4% 的溶液送入交换器,以驱走失效度较高的树脂所交换下来的 Ca^{2+} 和 Mg^{2+};而后再将其余 2/3 的食盐配成浓度较高($6\%\sim7\%$)的溶液,继续进行再生。

有些单位利用工业生产的副产物芒硝(主要成分为硫酸钠)作钠离子交换的再生剂,更需特别注意控制再生液的浓度。因为这时在再生过程中,再生液中的 SO_4^{2-} 易与交换下来的 Ca^{2+} 生成 $CaSO_4$ 沉淀,这些沉淀将会包裹树脂表面而影响交换反应的继续进行。所以用芒硝作再生剂时,应采用低浓度分步再生的方法,即先用低浓度($1\%\sim2\%$)、高流速($8\sim15$ m/h)进行再生,然后逐步增加浓度($4\%\sim6\%$)、降低流速($4\sim8$ m/h)作进一步再生。一般分步再生可分作两步或三步,也有分作四步再生的,但操作较复杂,再生操作所需时间较长。在分步再生时,第一步再生液送完后,最好用清水以 6 m/h 的流速逆向洗 10 min 后再送入第二步再生液,这样可更好地防止 $CaSO_4$ 沉淀,降低再生剂比耗。

4. 再生液流速

再生液流速是指再生液通过树脂层时的速度,它也是影响再生程度的一个重要因素。维持适当的流速,实质上就是使再生液与树脂之间有适当的接触时间,以保证再生时交换反应充分进行,并使再生剂得到最大限度的利用。

再生时,控制一定的再生液流速非常重要。如果流速过快,再生液与树脂接触时间过短,交换反应尚未充分进行,再生液就已被排出交换器,这样即使再生剂用量成倍增加,也难得到良好的再生效果,特别是当再生液温度很低时,更不宜提高流速。再生液的流速通常可控制在 4～8 m/h,对于无顶压逆流再生离子交换器来说,为了防止再生时树脂乱层,再生液流速宜控制更低,一般为 2～4 m/h。

为了使再生时交换反应充分进行,一般认为再生液与交换树脂的接触时间应不少于 30 min。当再生剂用量和再生液流速确定后,进再生液的时间可按式(3-2)估算:

$$t = \frac{60 \times V_z}{S \times v} \quad (3-2)$$

其中:

$$V_z = \frac{m_{cz}}{C \times \rho \times 10^3}$$

式中:t——进再生液的时间,min;

V_z——再生液的体积,m³;

S——交换剂层(交换器)的截面积,m²;

v——再生液流速,m/h;

m_{cz}——次再生的再生剂用量(以 100% 纯度计),kg;

C——再生液浓度,%;

ρ——再生液密度。

5. 再生液温度

再生液温度对再生效果的影响也很大,适当提高再生液温度,可加快离子的扩散速度,提高再生效果。实践证明,离子交换树脂再生时,将再生液温度提高到 50 ℃左右,可大大提高再生程度,特别是冬季,效果更加显著。但由于树脂的热稳定性限制,再生液的温度也不可过高,否则容易使离子交换树脂的交换基团分解,促使树脂变质并影响其交换容量。

6. 再生剂的纯度

再生剂的纯度对树脂的再生程度和出水水质影响也较大,如果再生剂质量不好,含有大量杂质离子,尤其是含有要交换的"反离子",例如食盐中硬度含量高,就会降低再生程度,且出水水质也会受影响。另外,目前食用的含碘盐中NaCl含量较低,也不宜用作再生剂。

第四章　全自动软水处理设备简介

自动控制钠离子交换器,也称自动软水器,能够在运行至设定的制水周期时自动进行反洗、吸盐、置换洗、正洗等再生过程,其交换和再生的原理以及再生步骤与同类型(顺流、逆流、浮床)的手动钠离子交换器基本相同,只是运行和再生过程由控制器自动完成。目前新安装工业锅炉配套的锅外水处理设备已大多数采用自动软水器,因此水处理人员、司炉人员以及水处理检测人员都很有必要掌握自动软水器的再生设定和使用操作。

第一节　全自动软水处理设备的组成和分类

一、全自动软水处理设备的组成

自动软水器通常由控制器、交换罐和盐水罐组成(图 4-1)。目前我国销售的自动软水器大多数是组装的,即控制器、交换罐和盐水罐往往由不同厂家生产,由供应商根据用户需要配置而成,下面分别介绍控制器的分类。

二、全自动软水处理设备的分类

控制器是自动软水器的核心部件,自动软水器的类型及性能主要取决于控制

图 4-1　全自动软水处理设备组成

器的特性。下面简要介绍常用控制器的分类。

（一）控制器按启动再生的方式分类

根据对运行终点及启动再生的方式不同，自动控制器可分为时间型控制器、流量型控制器和在线监测型控制器等。

(1) 时间型控制器

所谓时间型控制器是指通过设定运行（即制水）时间启动再生的控制器。大多数时间型控制器运行时间以天计，自动再生最短间隔时间为一天一次，如果一天需再生两次或两次以上，需要手动进行额外的再生。有的时间型控制器运行时间除了按天计，还可以按小时计。当原水硬度较高时，选择按小时计，一天可自动再生多次。不过软水器不宜过于频繁地再生，一般再生次数不宜超过一天两次。

时间型控制器出厂时通常已将再生启动时刻设定在凌晨2点或2点30分（因为这时多数锅炉会暂停运行或减负荷运行，供水需要量减少）。如果需要改变再生启动时刻，也可以通过设定，使再生提前或者推迟进行。常见品牌控制器改变再生启动时刻的方法为：

①润新控制器再生时刻可根据需要，直接通过设定再生时刻而改变。

②进口的机械式控制器需通过调整时间盘的当前时间来改变再生时刻。例如"FLECK（福莱）"、"AUTOTROL（阿图祖）"时间型控制器，若是在上午10点校正时间，如果不想改变出厂设定的再生时刻，就将当前时间设定为"10 am"；如果要推迟3 h再生，可将当前时间设定为"7 am"（也就是使定时器慢3 h），这样再生时刻就由凌晨2点30分改为凌晨5点30分进行；若欲提前3 h再生，则将当前时间设定为"1 pm"

(也就是使定时器快 3 h),那么半夜 11 点 30 分就会自动再生。(注:am 指凌晨 0 点至中午 12 点;pm 指中午 12 点以后至半夜 12 点)

时间型控制器的不足之处是:不管软水器是否制水,定时器都会计时,哪怕再生后没有制水,控制器到了设定时间也会启动再生,这样有时就会造成一定的浪费。因此对于间断运行的锅炉,如果需要供水的时间无规律,软水器停启变化较大,就不宜选用时间型控制器,而应选用流量型控制器。

(2)流量型控制器

所谓流量型控制器是指通过设定周期制水量启动再生的软水器。由于流量型软水器运行时由控制器内的流量计对流过的软水量进行计量,当制水量达到设定的水量时,就自动进行再生。因此流量型软水器在用水量不稳定或间断运行的情况下,其再生设定比时间型更为合理。根据启动再生的时刻,流量型控制器又可分为流量即时型和流量延迟型。

①流量即时型:当周期制水量达到设定值时,立即启动再生。

②流量延迟型:当周期制水量达到设定值时,并不立即再生,而是延迟到设定的时刻才再生,这对于某些供水紧张、水压不稳,需要调整到某时间段进行再生的较为适用。

(3)在线监测型控制器

在线监测型控制器通过硬度检测系统检测软水器出水硬度,当出水硬度超出设定值时,能自动启动再生过程。在线监测型控制器既可保证出水质量又不会造成提前再生的浪费,是较理想的控制器。但目前由于出水硬度自动检测尚难做到严格控制,因此在线监测型控制器应用小多,将来即使得到普遍应用,也需要定期进行人工检测校对。

(二)软水器按液流方向分类

与普通离子交换器相同,根据运行和再生液的流向不同,自动软水器的控制器也可分为顺流再生控制器、逆流再生控制器、浮床控制器等。

(1)顺流再生软水器

顺流再生软水器,其再生过程及再生各步骤所需时间与普通离子交换器基本相同,只是在正洗之前多了一个盐罐补水的程序,即交换器运行至启动再生的设定点后进行:反洗→吸盐和慢洗(置换洗)→盐罐补水→快速洗(正洗)→运行。由于顺流再生步骤简单、易控制,因此进口的自动控制器大多采用顺流再生。

(2)逆流再生软水器

逆流再生软水器的交换罐一般没有中排装置,为了防止乱层,一般采用低流速再生,其再生程序与顺流再生差不多,也是运行至启动再生的设定点后进行:反洗→吸盐和慢洗(置换洗)→盐罐补水→快速洗(正洗)→运行。但其中吸盐和慢洗时的液流流向与顺流再生时相反。另外,为了防止反洗时交换剂乱层,不必每次都进行反洗,当进水浊度较小时,可以隔几个周期反洗一次。浙江润新牌逆流再生控制器可以任意设定反洗的周期,例如设定5个周期反洗一次,那么前四个周期再生时,第一步就不反洗,直接吸盐,到第五个周期时第一步进行反洗,然后再吸盐。也有的软水器采取填装密度不同的交换树脂来防止乱层,例如进口的Eco-Water3000和Eco-Water4000等系列软水器采用了分层式树脂床,既可提高树脂交换能力,又可在反洗时使上、下层交换树脂不乱层。

(3)浮床式自动软水器

浮床式自动软水器的树脂填装、运行和再生过程与普通浮动床基本相同。目前我国自行研制的浮床式自动软水器,例如成都产的 LDZN 系列、甘肃产的 ZDSF 系列等主要采用双罐的交换工艺流程,其制水运行时间取决于再生过程的时间,即一个罐运行制水时,另一个罐自动完成:落床→再生→置换→清洗 4 个过程,然后自动切换,双罐交替进行制水和再生过程,因此可做到连续制水,并且出力较大。这类浮床式自动软水器由于采用了逆流再生工艺,而且盐的溶解以及再生、置换、清洗所用的水都是软水(由制水的交换罐通过高位出水管提供),因此树脂的再生效果较好。但这类交换器较适合连续运行,因为当机子停、启过于频繁时,树脂反复落床和成床,将会影响出水质量。此外,这类浮床式自动软水器适用于高硬度水的软化处理,因为这类交换器的控制器实际上只控制再生过程,即当一个罐再生过程结束后,另一个罐不管是否失效都将自动切换进行落床再生,当原水硬度较小时,由于再生过程的时间(主要是落床时间)不能设定至足够长,往往会使未失效的树脂反复被再生,造成盐和自耗水的很大浪费。由于目前这类软水器的应用已不多,因此不作详细介绍。

(三)软水器系统按配置分类

根据控制器所配置的交换罐数量不同,自动软水器有单阀单罐、一阀双罐及多阀多罐并联运行或串联运行等多种系统。

(1)单阀单罐软水器:即一个控制器配置一个交换罐。由于再生期间不产软水,因此单台的单阀单罐软水器只适用于用水量较稳定,并间歇运行的锅炉。对于连续运行的锅炉,也可以通过配置两个单阀单罐软水器并联运行,错开再生时间,来达到连续供水。

此外,单阀单罐软水器还有再生时出水和再生时不出水之分。GB/T 18300《自动控制钠离子交换器技术条件》规定:用于锅炉的软水器,再生过程中不应有硬水从交换器出口流出。因此对于再生出水的控制器应增设电磁控制阀,防止再生时交换器出硬水进入软水箱,造成给水硬度超标。

(2)单阀双罐软水器:即由一个控制器控制两个交换罐,其中一个交换罐运行,另一个交换罐处于再生或备用状态。单阀双罐软水器可以连续制水,较适用于连续运行的锅炉。

单阀双罐软水器时,如果原水硬度较小,制水周期较长,有时备用的交换罐因备用时间较长,刚切换投运的开始阶段,出水硬度往往会超标。为了解决这个问题,有的单阀双罐软水器的控制器采取延迟正洗的方法,即进行再生的交换罐在盐罐补水后暂停,直到要切换之前才进行正洗。这样就能保证备用交换罐切换后一开始运行就能达到出水合格。

(3)多阀多罐软水器系统:当制水量大于50 t/h时,自动软水器通常采用多阀多罐并联系统,即由多组交换罐、再生装置、控制阀组成一个供水系统,由电脑控制轮流对其中一个交换罐进行再生,确保制水质量和产水量满足供水需要。

第二节　全自动软水处理设备的使用要求

一、交换罐

交换罐配有中心管和上、下布水器,内装有钠离子交换树脂,基本要求如下。

1. 罐体

自动软水器的罐体通常由玻璃钢制作,也有少数由不锈钢或其他材质制作。如果用碳钢制作,其内表面应有防腐涂层或衬里。

玻璃钢罐体质量要求:内表面应平整光滑,罐体不应含有对使用性能有影响的龟裂、分层、针孔、杂质、贫胶区及气泡等。开口平面应和轴线垂直,无毛刺及其他明显缺陷。为了防止进水压力升高造成罐体破裂,要求罐体能承受 1.5 倍的最大工作压力。

2. 中心管及布水装置

交换罐内中间为中心管,用于出水或反洗时进水,以及逆流再生时进盐水。中心管上下应设布水器,以保证布水均匀、不产生偏流。一般直径较小的交换罐,布水器通常为一个大水帽;大直径交换罐应配置支叉式布水器(图 4-2),以使布水更均匀。

(a)小直径交换罐布水装置　　　　(b)大直径交换罐布水装置

图 4-2　布水装置

布水器缝隙大小应合适,既要避免跑漏树脂,又不致影响水流通过。有的软水器不设下布水器,当进水压力较大时,反洗过程中往往会造成树脂冲出,需通过增设布水器,或者配置较高的交换罐,增大反洗膨胀高度加以改进。

3. 树脂填装

自动软水器内填装的树脂通常为 001×7 或 001×4 的钠离子交换树脂,填装时应注意避免树脂进入中心管内。树脂层高度应根据运行周期、原水水质和出水水质要求确定。用于锅炉水处理的顺流再生或逆流再生软水器,树脂层高一般不小于 800 mm;浮动床的树脂层高不小于 1 200 mm。另外,顺流再生与逆流再生软水器还应有树脂层高度的 40%～50% 的反洗膨胀高度;浮动床应有 100～200 mm 的水垫层。一般来说,原水硬度越高,树脂层高度需相应增高,配置的交换罐也应大一些。有的供应商为了降低成本,配置的软水器罐体较小,树脂填装量少,虽然出水流量能达到额定值,但当原水硬度较高时,往往会造成出水硬度不合格。

二、盐罐

自动软水器的盐罐(图 4-3)通常由塑料制成,内设隔盐板、盐液井、液位控制器、空气止回阀等装置。

(a)盐罐内部装置　　　　(b)空气止回阀　　　(c)装有液位控制器的止回阀

图 4-3　盐罐的内部装置

盐罐应加盖,其有效容积应在指定的盐液浓度范围内,至少能满足一次再生的用量,并且便于加盐操作。一般情况下,盐罐内应始终保持有固体盐存在,使盐水处于饱和或者过饱和状态。

1. 盐液过滤

为了避免盐液中的固体杂质堵塞射流器,影响再生效果,盐罐应有良好的过滤装置,一般通过隔盐板、盐液井、空气止回阀等几道过滤来达到。

2. 隔盐板

隔盐板是打有许多细孔,并与盐罐底部有一定间距的隔盐板。再生用盐置于隔盐板之上,溶解的饱和盐水透过隔盐板,进入盐液井。隔盐板除了起到过滤作用外,还能促进盐液浓度达到均匀。因为盐罐补水(重注水)时,水经盐水管、盐液井从隔盐板底部往上注入盐罐,而隔盐板上溶解后的盐水密度比水大,易往下流,这样就形成对流,可促进饱和盐水浓度均匀。有的软水器盐罐内未配置隔盐板,固体盐沉在盐罐底部,由于盐水不易流动,几次再生后易造成盐液井周围盐水浓度偏低,影响再生效果。

3. 空气止回阀和液位控制器

为了防止再生液吸完后空气进入交换器内的树脂层中,盐罐的盐液井内应设有空气止回阀。空气止回阀内设有止回小球,当盐罐内有盐水时小球浮起;当盐水吸完时小球落下,堵住盐水管避免空气进入。

液位控制器实际上是一个小浮球阀,一般装在空气止回阀的杆上,可根据需要作上、下调整。有的软水器没有液位控制器,盐水液位主要取决于盐罐补水时间。由于补水注入速度与进水压力有关,因此无液位控制器的软水器在进水压力不稳定的情况,有时会难以控制盐水液位至合适的高度。

4. 一次再生用盐量与盐水液位高度

正常情况下,自动软水器每次再生时都会把盐罐内的盐水吸完,因此在有固体盐存在的情况下,自动软水器一次再生用盐量主要取决于盐罐补水后的盐水液位高度,而与盐罐中有多少盐量无关。自动软水器合适的一次再生用盐量所需控制的盐水液位高度可通过式(4-1)估算:

$$H = \frac{m_{cz}}{26.5\% \times \pi \times R_Y^2 \times \rho} \tag{4-1}$$

式中:H——自动软水器盐罐补水后液位高度,m;

26.5%——常温下饱和盐水浓度;

R_Y——盐罐内壁半径,m;

ρ——饱和盐水密度(常温时 $\rho=1.33\times 10^3$ kg/m³);

m_{cz}——再生一次需用盐量(kg),可以通过式(4-2)计算

$$m_{cz} = \frac{V_R \times E \times k \times M}{1\,000 \times \varepsilon} \tag{4-2}$$

式中:m_{cz}——再生一次所需盐量,kg;

V_R——交换器内树脂的填装量(m³),$V_R = \pi \times R^2 \times h_R$,其中 R 为交换器内壁半径(m),h_R 为树脂的填装高度(m);

E——树脂的工作交换容量,一般强酸性阳树脂为 800~1 500 mol/m³;

k——再生剂比耗,对于强型离子交换树脂一般逆流再生时取 1.2~1.8;顺流再生时取 2~3.5;对于弱型离子交换树脂一般只需取 1.0~1.5 即可;

M——再生剂的摩尔质量，NaCl 为 58.5 g/mol；

ε——再生剂的纯度，一般食盐中 NaCl 含量为95%～98%。

自动控制软水器再生时，需注意水压波动对射流器吸取盐水速度的影响。有的控制器装有进盐稳压装置及压力表，避免水压波动的影响，以保证盐水吸取速度和吸取量的稳定，达到良好的再生效果。

总之，为了确保软水器的产品质量和运行经济性，避免因配置不当造成制水质量不合格，或者制水周期过短、盐耗高等现象，锅炉使用单位应当选购符合 GB/T 18300《自动控制钠离子交换器技术条件》的自动软水器，供应商应当向用户提供产品质量合格证明和型式试验报告，设备安装后应进行水压试验，并进行设备调试及出具调试报告。

第三节　常见控制器及设置

自动软水器的控制器品牌和种类繁多，不同品牌、不同类型的控制器，其构造和面板以及设置和操作方法各有所不同，使用前应详细查看软水器的使用说明。以下介绍常用的控制器及其设置方法。

(一)润新控制器(图 4-4)

润新控制器也称润新控制阀，其面板如图 4-4 所示，由微电脑控制，可通过菜单按键设置或修改运行周期及再生过程的各个参数，操作较为方便。润新控制器流量型与时间型基本相同，只是将运行设置由时间改为制水量，内部构造增加了流量计。

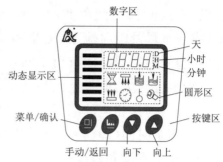

图 4-4　润新控制器的面板

1. 面板上图形显示的意义

(1) 运行和再生过程图形

面板上的图形区在进行运行和再生过程的各个步骤以及设置时,将分别亮起相应步骤的图形,其代表的意义为:⧖代表运行;⦀代表反洗;⚒代表吸盐和慢洗;⚒代表补水;⚒表正洗。

(2) 其他功能键图形

⊙:代表时间。当⊙闪烁时,表示曾经长时间(超过三天)停电,需重新设置当前时间(短时停电,有记忆功能,不需重设);当⊙亮起时,上方数字区显示的数字表示为时间。

⚿:代表锁住按键。当 1 min 内不对面板上的按键进行操作时,控制器将自动锁住键盘,且⚿亮起,这时按任何一个键都将不起作用。当需要进行设置操作时,可同时按住▲和▼键约 5 s,至⚿不亮,键盘解锁。

⚙:代表设置。⚙亮时,表示可查询所设置的参数;⚙闪烁时,表示可修改所设置的参数。

(3) 运行和自动再生过程面板的显示

运行时:面板左侧的动态显示条闪烁,⧖或⊙亮起,数字区以 30 s 或 15 s 间隔时间循环显示剩余的运行天数(时间型)或制水量及瞬时流量(流量型)、当前时间、再生时间等信息(各型号控制器显示有所不同)。

再生过程中：面板左侧的动态显示条不闪烁，再生过程每一步骤进行时，相应的图形亮起，数字区循环显示当前时间和该步骤剩余时间(即尚需进行的时间)。

2. 参数查询和修改设置

首先将键盘解锁(同时按住●和●键约 5 s，至❍不亮)，然后根据需要进行以下操作：

按●键，●亮起，通过按●或●键，可对各参数进行查询(数字区将显示亮起的图形所对应的参数，例如●亮起时，数字显示当前时间。●亮起时，数字显示设置的运行天数或制水量)，如果不需修改，可按回车键●退出查询，返回工作状态；如果需要修改，则再按●键，●闪烁，表示可对该参数进行修改，连续按●或●键，直至数字区显示要设定的数值，再按●键，可听到"嘀"一声，表明设置成功，同时返回查询状态。

例如，某软水器原设定正洗时间为 10 min，由于每次再生后刚投入运行时，出水氯离子总是偏高，说明正洗时间不够，现欲将正洗时间延长 3 min，可通过以下操作进行修改：

①按●键，●亮起；②连续按●或●键，直到●亮起，这时数字区显示为 5-10$_M$(5 表示第 5 个参数，10$_M$ 表示 10 min)；③按●键，●和 10 闪烁；④连续按●键，直至 10 改为 13；⑤再按●键，听到"嘀"一声，画面停止闪烁，返回查询状态；⑥若还要对其他参数进行修改，可重复上述②~⑤的方法继续修改，若不作其他修改，按●键退出查询，屏幕显示当前工作状态。

第四章 全自动软水处理设备简介

3. 自动再生过程和手动再生

（1）自动再生过程。当软水器运行至设定的周期时，控制器将按设置的时间参数自动完成以下的再生过程：

① ⌧ 亮起，进行反洗（时间约 10 min）。

② ⌧ 亮起，进行吸盐和慢洗（时间为 60～65 min）。

③ ⌧ 亮起，进行补水（时间一般为 5～6 min，补至盐罐盐水液位到合适高度）。

④ ⌧ 亮起，进行正洗（时间一般为 10～15 min）；

⑤ ⌧ 亮起，进行制水。

（2）手动再生。当出水硬度不合格，需要立即进行一次临时的再生时，可按 ⌧ 键结束运行，控制器将按设置的时间参数自动进行一次即时再生（不影响原设定的运行周期）。在再生过程中，如果要提前结束某一步骤，按一下 ⌧ 键，即可进入下一个步骤。

再生后应对出水进行取样化验，确保硬度合格，且氯离子含量与进水相近。

（二）FLECK（福莱）控制器

福莱控制器规格较多，目前使用较多的是通过凹凸轮机械控制的顺流再生式时间型和流量型控制器，微电脑控制器由于价格较高，在我国使用得不多。下面主要介绍 FLECK 机械控制的时间型和流量型控制器及其设定操作。

1. 时间型控制器

如图 4-5 所示，其面板部分通常由时间设置按钮、再生日期轮（跳轮）、手动再生转钮、24 h 齿轮盘等组成。配置这类控制器的软水器通常一天只能自动再生一次，当原水硬度较高，或者锅炉运行时间较长，使得再生后可运行天数小于 1 天时,需手动增加再生次数,或改用双罐流量型软水器,也可选用能够装载较多树脂量的软水器。

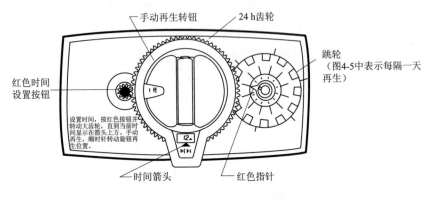

图 4-5　FLECK 时间型控制器的面板

(1) 校正时间:停电时控制器中的定时器将停止走动,故停电后必须重新校正时间。校正方法为:按下红色时间设置按钮(使齿轮脱开),转动 24 h 齿轮盘,将欲设定的时间数字对准时间箭头,然后松手,恢复按钮与时间齿轮盘的啮合。

(2) 再生日期的设定:根据树脂量、原水水质、出水量等因素确定的运行天数,将再生日期轮(跳轮)上数字对应的不锈钢片向外拨出即可。例如欲设定为 3 天再生一次,可将跳轮中的不锈钢片每间隔两个向外拨出,即每隔两天再生一次。

(3) 手动再生:由于时间型控制器一天只能自动再生一次,因此运行时间最短不应少于一天。如果运行不到一天已失效,就需要手动进行额外的再生。其方法为:顺时针转动手动再生旋钮,听见"咔嗒"声,控制器进入再生程序,会马上自动进行一次额外的再生。如果此时停电,可继续顺时针转动手动再生旋钮,人为控制再生过程每一步骤的时间,直至手动完成再生整过程。

(4)再生过程各步骤时间的修改:有些型号的FLECK控制器可通过增加或减少定时器上的插销和插孔数目来调整再生时各步骤的时间,以便取得最佳的再生效果,具体应根据说明书设置。

2.流量型控制器

如图4-6所示,其面板部分与时间型控制器差不多,只是将再生日期轮改为流量表盘,运行时间按制水量设定。FLECK流量型控制器通常配置为一阀双罐,可连续制水。FLECK流量型控制器设定较简单,方法如下。

①顺时针转动再生程序轮,使轮上的小白点对准面板上的箭头。

②将流量外盘上的白点对准面板上的流量白色尖头。

③压住流量外盘,提起流量刻度盘,按所要设定的流量值对准面板上的流量白色尖头。

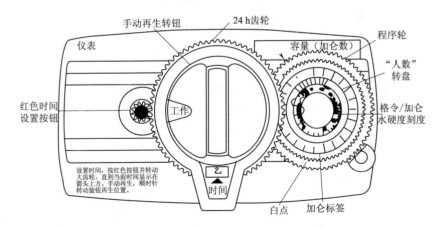

图4-6　FLECK流量型控制器的面板

(例如欲设定周期制水量为 50 m³,可将 50 对准白色尖头),然后松手,使齿轮啮合。这样当周期制水总量达到 50 m³ 时,交换器就会自动进行切换再生,其时间校正和手动再生方法与时间型控制器相同。

3. 微电脑控制器

如图 4-7 所示,可通过按键设置或修改运行和再生参数。控制器由微电脑智能控制,输入树脂填装量、进水硬度等参数后,能自动计算周期制水量,并自动进行再生。

图 4-7 FLECK 微电脑型控制器

(三)AUTOTROL(阿图祖)控制器

如图 4-8 所示的 AUTOTROL 时间型控制器,是我国早期引进的配置于小型自动软水器的控制器,目前使用的已不多。下面简要介绍其设置方法。

(1)时间校正:停电时定时器将停止走动,故停电后必须重新校正定时器时间,校正方法为:把定时器钮拉出(使齿轮脱开)并转动,将时间箭头指向欲设定的时刻,然后松手,使定时器钮的齿轮啮合。

(2)再生日期设定:先将日期轮上的期限销全都拉出,然后转动日期轮使日期箭头指向当天日期或第1号,再在需要再生的日期上按下期限销(例如欲设定2天再生一次,可将2、4、6号即间隔的期限销按下)。

图 4-8　AUTOTROL 控制器面板

(3)手动再生:阿图祖控制器的再生过程和运行的程序由操作指针钮控制,一般情况下是自动运转的,但在调试或停电时可用宽刃螺丝刀插入红色箭头槽内将操作钮压下,逆时针转动进行手动再生。指针按钮的运转程序为:反洗(BACK-WASH)→进盐和慢洗(BRINE & RINSE)→盐罐补水和正洗(BRINE REFILL & PURGE)→运行制软水(SERVICE)。有时当原水水质突然恶化或较水用量增大而造成出水提前出现硬度时,可用宽刃螺丝刀将操作钮压下转到"启动"(START)位置,过几分钟软水器就会自动进行一次额外的再生,而不影响原设定的再生时间。

阿图祖时间型控制器使用中常会出现出水不合格的现象,其原因主要有:

①再生过程的各参数不能调整,且吸盐和慢洗过程受进

水压力影响较大,当进水压力较低时,由于所需吸盐时间较长,慢洗时间缩短,以致正洗后仍不能将再生废液清洗干净,造成投运初期出水氯离子和硬度偏高。

②当进水压力较低时,盐罐补水量不足,影响下次再生的效果。

③再生时出硬水,当软水箱浮球阀未关闭时,硬水通过旁通流入软水箱,造成锅炉给水硬度超标。

第五章 全自动软水处理设备的使用与维护

第一节 全自动软水处理设备的使用

一、全自动软水处理设备的使用

自动软水器运行和再生过程的程序以及水流方向与普通离子交换器基本相同，即运行至失效后自动进行反洗→吸盐→慢洗→盐罐补水→正洗→运行。各步骤的水流方向及阀体工位示意图如图 5-1～图 5-8 所示。

1. 运行

如图 5-1 所示，进水从上至下通过树脂层，软水通过中心管至出水口。

2. 反洗

如图 5-2 所示，水通过中心管由下至上清洗树脂层，废液从排水口排出。

3. 吸盐

（1）顺流再生吸盐

如图 5-3 所示，饱和盐水通过射流器稀释后从上至下通过树脂层，再生废液通过中心管流至排水口排出。

（2）逆流再生吸盐

如图 5-4 所示，饱和盐水通过射流器稀释后通过中心管从下至上通过树脂层，再生废液由排水口排出。

4.慢洗

阀体工位和液流方向与吸盐状态时相同(因此通常设置为同一步骤进行),只是盐水吸完后,空气止回阀中的小球落下,堵住盐水管入口,防止空气进入交换器树脂罐。

(1)顺流再生慢洗(图 5-5)。

(2)逆流再生慢洗(图 5-6)。

5.盐罐补水

如图 5-7 所示,通过射流器向盐罐内补水至合适的液位高度。

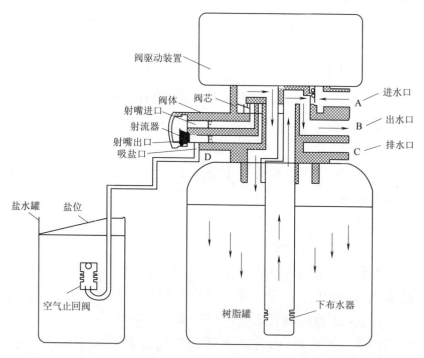

图 5-1 运行流程水流方向及阀体工位示意图

第五章 全自动软水处理设备的使用与维护

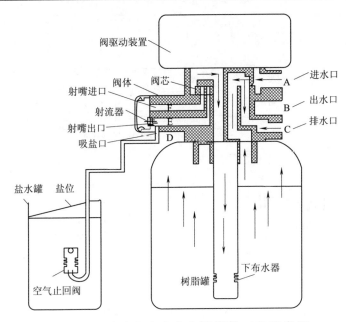

图 5-2 反洗流程水流方向及阀体工位示意图

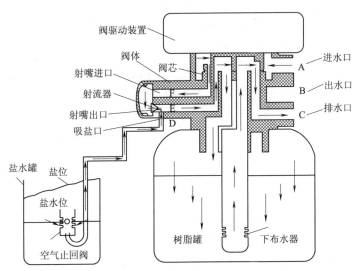

图 5-3 顺流再生吸盐流程水流方向及阀体工位示意图

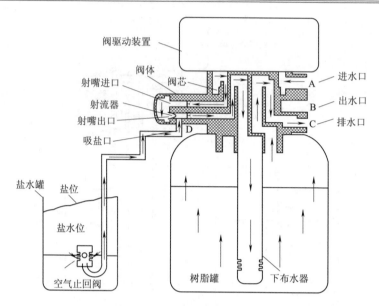

图 5-4　逆流再生吸盐流程水流方向及阀体工位示意图

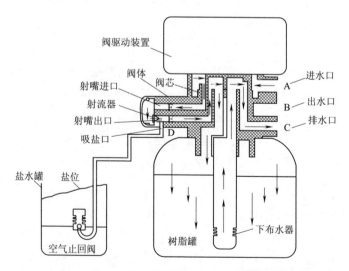

图 5-5　顺流再生慢洗流程水流方向及阀体工位示意图

第五章　全自动软水处理设备的使用与维护

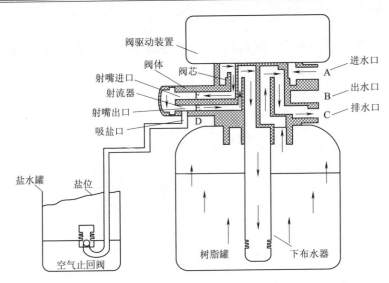

图 5-6　逆流再生慢洗流程水流方向及阀体工位示意图

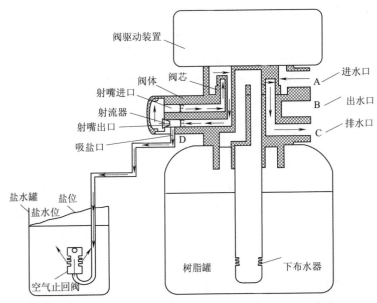

图 5-7　盐罐补水流程水流方向及阀体工位示意图

6. 正洗

如图 5-8 所示,进水从上至下通过树脂层,清洗废液通过中心管至排水口排出。

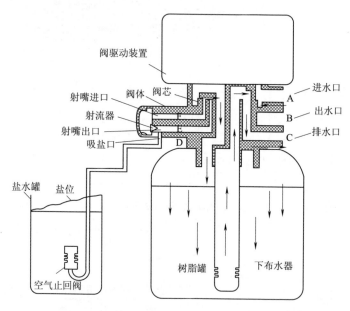

图 5-8 正洗流程水流方向及阀体工位示意图

二、制水周期的计算

正确设定并合理调整控制器的再生周期十分重要。如果设定不合适,就有可能树脂层已失效却未及时再生,造成出水硬度超标;或者树脂层尚未失效却提早再生,造成再生用盐和自耗水的浪费。虽然控制器通常在出厂时已设置了再生过程的各个参数,供应商也会在新购设备投运前上门调试,并对再生程序进行设定,但用户在运行过程中仍需根据原水水质、制水质量、锅炉用水量等因素的变化及时进行调整。另外,由于目前大多数自动软水器无自动监测出水硬度的功能,因此在运行过程中,仍需操作人员定期取样化验,确认出水硬度是否合格。当出水硬度不合格时,应及时检查原因,调整再生设定或维修交换器。

1. 时间型软水器运行时间(天数或小时)的估算

时间型自动软水器运行时间(天数或小时)应根据交换器内树脂的填装量、工作交换容量、原水的硬度、软水的每日用量等因素而定,一般可按下式估算运行天数或运行小时:

$$D=\frac{V_R\times E\times k}{YD\times Q_d\times T}$$

$$t=\frac{V_R\times E\times k}{YD\times Q_d}$$

式中:D——再生后可运行的天数,d;

t——再生后可运行时间(似小时计),h;

V_R——交换柱内树脂的填装体积,m³;

E——树脂的工作交换容量,mol/m³(一般新树脂可按 1 000~1 200 mol/m³,旧树脂按 800~1 000 mol/m³ 计算)

k——为保证运行后期软水硬度不超标所需的保留系数,一般可取 0.5~0.9(原水硬度较大或流速较高时,取较小值;反之取较大值);

YD——原水总硬度,mmol/L;

Q_d——交换器单位时间产水量,或锅炉进水量(也可近似按蒸发量算),t/h;

T——交换器或锅炉日运行时间,h/d。

例：一台蒸发量为 2 t/h 的燃油锅炉，所配的自动控制软水器内装 0.15 m³ 树脂，锅炉每天实际运行约 10 h，如原水的硬度为 2.6 mmol/L，交换器应设定几天再生一次？（富裕系数取 0.8）

解：

$$再生后可运行天数 = \frac{0.15 \times 1\,000 \times 0.8}{2.6 \times 2 \times 10} = 2.3$$

为了确保锅炉安全运行，防止软水硬度超标，根据计算结果取整数，宜定为 2 天（即隔天）再生一次。

2. 流量型软水器周期制水量的估算

流量型软水器的周期制水量可根据交换柱内树脂所能除去的硬度总量，按下式进行估算：

$$Q = \frac{V_R E k}{Y D}$$

式中：Q——软水器在运行周期制取的软水总流量，t 或 m³；

其余符号与时间型软水器周期制水量的估算公式相同。

例：某台锅炉配有一台进口的双柱流量型自动控制软水器，每个交换柱内各装 200 kg 树脂，测得进水平均硬度为 4.0 mmol/L，若树脂的湿视密度为 0.8 t/m³，工作交换容量为 1 000 mol/m³，富裕系数取 0.6，则交换器流量宜设定为多少？

解：树脂体积 $V_R = 0.2 \div 0.8 = 0.25 (m^3)$

$$Q = \frac{V_R E k}{Y D} = \frac{0.25 \times 1\,000 \times 0.6}{4.0} = 37.5 (m^3)$$

由于软水器流量表没有小数点，可设定周期制水量为 37 t。

上述运行周期的估算仅为参考数，设定后还应定期化验出水硬度,并及时按实际运行终点时出水质量进行调整,使软水器既保证整个周期的出水硬度符合国家标准,又尽量提高运行的经济性。

三、全自动软水处理设备的维护

虽然同类型的自动软水器,其构造和再生原理基本相似,但不同的产品在具体操作方法上都会因所配置的控制器不同而有所不同,因此在使用时应严格按产品说明书的要求进行操作。另外,还需注意以下几个问题。

1. 软水器出水控制阀之前应装设取样阀,以便化验合格后再打开出水阀,确保给水箱内软水硬度合格。但有些设备将取样阀设在出水阀之后,甚至没有取样阀,都易造成硬度不合格的水进入软水箱内,应予以改进。

2. 有的时间型自动软水器(例如配置阿图祖控制器的软水器)再生时会有硬水从控制器内部的旁通出水。这类软水器在自动再生时一般是靠软水箱满水位状态下,由浮球阀关闭来阻止硬水进入软水箱(这也是自动软水器常设定在半夜暂时不需供水时进行再生的原因)。如果再生时软水箱中的水位未满或者水位下降,浮球阀处于开启状态,则硬水及再生后期的部分排出液就会进入软水箱,造成给水硬度不合格。在这种情况下需要先手动将出水阀关闭,再进行再生。对于这类软水器,应当在安装时加装电磁阀,以便在设定的时刻出水,FK6、K15ZQ、K22ZQF可自动关闭或开启。

3. 全自动软水处理设备在再生过程中严禁断电,防止设备控制程序紊乱。如遇突然停电,再开机后须对设备控制程序重新进行调试。

4. 软水器安装后使用时,第一次盐罐溶解盐的水是人工加入的,以后每次再生后期控制器会自动补水,不必另外加水。由于自动控制器的"吸盐"与"慢洗"是同一工位,两者通常设置成同一步骤,因此使用中应注意,盐罐内盐水液位应在规定范围内,液位过高会由于吸盐时间过长,造成慢洗(置换洗)时间不足,导致出水中仍带有再生废液(氯离子含量和硬度偏高)。另外,如果发现盐罐溢流,有可能连接部位泄漏或盐液系统被脏物卡住,须及时清洗或检修。

5. 盐罐的盐水应保持过饱和状态,加盐量不足会造成再生不彻底。但加盐量过多引起结块形成盐桥,会造成盐水浓度不足,影响再生效果(这时应小心地将盐块捣碎)。另外,自动软水器须使用颗粒状粗盐,不能用精细盐或者加碘盐。因为细盐易堵塞盐水管和射流器,造成无法吸盐;加碘盐易氧化树脂,影响树脂使用寿命。

6. 自动软水器的进水和出水以及软水箱的水需定期化验。出水除了化验硬度外,也应定期化验氯离子含量,以防盐水带入软水中。当发现原水硬度发生变化或者出水硬度超标时,应及时调整再生的设定日期或流量。

7. 目前应用的自动软水器,基本上都只是除去硬度制取软水,对于原水碱度较高的地区仍需考虑降碱的问题。

8. 部分软水器采用原水对盐罐进行补水,若原水硬度较高将会影响再生效果。因此原水硬度较高的地区,宜选配采用软水向盐罐补水的自动软水器。

9. 有些地区自来水压力波动较大,有的交换罐承压能力较差,当进水压力较高时,会发生罐体破裂而损坏交换器。因此，自动软水器安装后应按照 GB/T 18300《自动控制钠离子交换器技术条件》的规定进行水压试验。

10. 有些进口的自动控制软水器所用的单位是非国际标准单位，设定计算时需进行换算，其常见单位的换算有：

$1\ mmol/L(1/2Ca^{2+}、1/2Mg^{2+}) = 50\ mg/L(以\ CaCO_3\ 计)$

$1\ mmol/L(1/2Ca^{2+}、1/2Mg^{2+}) = 2.92\ grain/gallon(格令/加仑)$

$1\ grain/gallon(格令/加仑) = 17.1\ mg/L(以\ CaCO_3\ 计)$

$1\ m^3 = 264\ gallon(US)(美加仑) = 220\ gallon(UK)(英加仑)$

$1\ kg = 2.2\ pounds(英镑)$

$1\ ppm = 1\ mg/L$

第二节　全自动软水处理设备常见故障及排除

问题	原因	处理方法
1. 软水器不能自动再生	A. 电源系统出故障 B. 定时器有故障 C. 再生设置不正确 D. 控制器损坏	A. 保证电路完好（检查熔丝、插头及开关等） B. 检修或更换定时器 C. 按操作说明正确设置进行设置 D. 检查或更换控制器
2. 自动再生时刻有误	A. 定时器时间设定有误 B. 停电后未校正时间	A. 按说明书正确设定时间 B. 停电后及时校正时间
3. 控制器显示屏无显示或显示不正常	A. 显示器或主控板损坏 B. 电脑控制板连接线损坏 C. 电源适配器受潮或损坏 D. 电机损坏	A. 更换显示器或主控板 B. 更换连接线 C. 查修或更换电源适配器 D. 更换电机

续上表

问题	原因	处理方法
4. 系统用盐过多	A. 用盐量设定不当 B. 盐罐中水量过多	A. 调节盐水液位控制，设定合适的再生用盐量 B. 参看第 10 条
5. 出水硬度超标	A. 旁通阀开启或渗漏 B. 盐罐中没有盐 C. 盐罐中盐水量不足 D. 进水过滤器或射流器堵塞 E. 不正确的再生设定或原水水质恶化 F. 中心管漏水或者管口O形密封圈损坏 G. 树脂量不够 H. 时控制器吸不上盐水，造成实际未再生 I. 阀体内部漏水	A. 关闭或检修旁通阀 B. 向盐罐中加盐 C. 检查并调整盐罐补水注入时间，若吸盐管、控制阀堵塞则清洗它 D. 清洗进水过滤器或射流器 E. 正确设定及调整再生时间或运行流量 F. 检查中心管是否破裂，更换O形密封圈 G. 加树脂至适量，并找出树脂流失的原因 H. 看第 11 条 I. 检修或更换阀体
6. 出力明显减少甚至不出水	A. 上布水器被悬浮物严重堵塞 B. 大量树脂破碎 C. 运行周期过长树脂层压实	A. 软水器前增设过滤器，控制进水浊度<5FTU；加强反洗；必要时取出树脂清洗 B. 更换树脂 C. 适当缩短运行时间，加强反洗
7. 出水管中含盐水	A. 射流器夹有杂物或故障 B. 盐水控制阀不能闭合 C. 正洗时间设定过短	A. 清洗或检修射流器 B. 检修或清洗夹杂物 C. 增加正洗时间
8. 排水管流出树脂	A. 系统中有空气 B. 反洗时排水流量过大	A. 系统应设有排空气装置，检查操作条件 B. 检查并调整合适的排水流量

第五章　全自动软水处理设备的使用与维护

续上表

问　题	原　因	处理方法
9. 水压损失	A. 树脂层受铁污染或悬浮物堆积 B. 原水中铁含量过高	A. 检查反洗和进盐水过程，加大再生频率，增长反洗时间 B. 在过滤器或系统中增设除铁措施
10. 盐罐中盐水液位过高或溢流	A. 盐罐补水流量不受控制 B. 进水阀在进盐时未闭合 C. 定时器不循环 D. 盐液阀中有异物 E. 补水时间过长	A. 检查射流器及盐液管路是否堵塞 B. 清洗进水阀及管路，清除阀中的夹杂物 C. 更换定时器 D. 清除阀体中异物 E. 重新合理设置补水时间
11. 控制器不能吸盐水	A. 控制阀或盐水过滤网有异物堵塞 B. 进水压力过低 C. 射流器堵塞或故障 D. 盐液管不密封，使得管内有空气进入（有气泡产生） E. 内部控制阀漏水 F. 定时器出故障 G. 所用细盐堵塞盐水管及射流器	A. 清洗控制阀或过滤网，清除堵塞物 B. 将水压调整到交换器所要求的压力 C. 清洗或更换射流器 D. 排除盐液管内气泡，检查并密封盐液管接头处 E. 更换密封垫、环及活塞 F. 检修或更换定时器 G. 换用粗颗粒的食盐
12. 控制阀持续循环	A. 定时器或微机出故障 B. 位置信号线线路断开 C. 齿轮被异物卡住	A. 检修或更换 B. 重新插好信号线插头 C. 检修并取出异物
13. 再生后排水管或盐水管仍有水流或水滴	A. 控制阀因夹有杂物而不能闭合 B. 控制阀不能按程序运行	A. 用手操作阀杆冲洗掉夹杂物 B. 定时器及控制器活塞阀的位置，或更换动力头

续上表

问题	原因	处理方法
13. 再生后排水管或盐水管仍有水流或水滴	C. 控制阀内部漏水 D. 阀杆复位弹簧弹性变弱 E. 定时器马达出故障或异物卡住	C. 检修、重换密封垫或整个阀体 D. 更换弹簧 E. 检查所有的传动装置齿轮是否啮合,必要时更换
14. 微电脑控制器显示屏不能正确地进行显示	A. 未接电源或有故障 B. 电路板或测量器损坏 C. 流量计插头与外壳接触不良 D. 流量计中涡轮卡住	A. 接通电源或维修电源插头等 B. 更换电路板或测量器 C. 将插头完全插入流量计外壳中 D. 拆下流量计用水冲洗(注意:不可拆卸涡轮),若仍不能转动则更换流量计
15. 周期制水量减少	A. 再生操作不正确 B. 树脂受污染或变质 C. 用盐量设置不正确 D. 硬度或交换容量设定不正确 E. 原水水质恶化 F. 流量计中涡轮卡住	A. 按正确的操作要求重新再生 B. 适当增大反洗流量和时间;使用树脂洗净剂或更换新树脂 C. 重新设定合适的用盐量 D. 根据化验结果,重新计算和设定 E. 临时手动再生,并重新设定再生周期 F. 参看14条
16. 间断或不规则吸盐	A. 水压不稳或水压低 B. 射流器堵塞或故障	A. 将水压提高到要求的压力 B. 或更换射流器

第三节 全自动软水处理系统的防腐措施

一、橡胶衬里

橡胶分天然橡胶和合成橡胶两大类,水处理设备衬胶所用的一般是天然橡胶。衬胶就是把橡胶板按一定的工艺要求敷设在水处理设备和管道的内壁上,以隔绝侵蚀性介质对金属表面的接触,使金属免受腐蚀。

橡胶衬里长期使用的温度适用范围与所采用的橡胶种类有关。一般硬橡胶衬里的使用温度为 $0\sim65$ ℃,软橡胶、半硬橡胶及软硬橡胶复合衬里的使用温度为 $-25\sim75$ ℃。温度越高,衬胶的使用年限越短。橡胶衬里的使用年限一般可达 10 年左右。橡胶衬里的使用压力一般为 $\leqslant 0.6$ MPa,真空 $\leqslant 80$ kPa。

二、防腐涂料

用于钢制钠离子交换器的防腐涂料有过氯乙烯漆、防锈漆和环氧树脂等,其中防锈漆一般用来作底漆。目前使用较多的是环氧树脂涂料,它是由环氧树脂、有机溶剂、增韧剂、填料等配制而成,使用时再加入一定量的固化剂。常用的固化剂有冷固型固化剂(常温下就能固化)和热固型固化剂(需在较高温度下进行固化)。

防腐涂料在涂刷前应先将金属表面的焊瘤、锈蚀等铲除打磨干净,然后均匀地涂刷。涂层必须完整、细密、均匀,不应有流淌、龟裂或脱落现象。涂料与底漆应能牢固结合。涂刷层数和厚度应符合设计要求,一般至少涂刷 $2\sim3$ 层,后一层须等前一层干燥后才可涂刷。

环氧树脂涂料的最高使用温度为 90 ℃左右。其优点为:耐腐蚀性比一般的防腐漆好,特别是耐碱性较好;有较强的耐磨性;对金属和非金属(除聚氯乙烯和聚乙烯等外)有极好的附着力;涂层有良好的弹性和硬度,收缩率小。若在其中加入适量的呋喃树脂,还可以提高其使用温度。

三、玻璃钢

用玻璃纤维增强的塑料俗称玻璃钢,它是用合成树脂作粘结材料,以玻璃纤维及其制品(如玻璃布等)为增强材料,按照各种成型方法制成。

水处理设备的玻璃钢衬里常用的是环氧玻璃钢,就是把环氧树脂涂料配好以后,在设备内壁涂一层涂料,铺一层玻璃布,这样连续铺涂数层干燥后而成。

环氧玻璃钢的最高使用温度应小于 90 ℃,其优点为:机械强度高、收缩率小、耐腐蚀性强、粘结力强。缺点是:成本较高、耐温性较差。

四、塑料

1. 硬聚氯乙烯塑料

硬聚氯乙烯塑料是目前水处理设备中应用最广泛的一种塑料,它可在真空度较高的条件下使用。一般使用温度为 $-10\sim 50$ ℃。

硬聚氯乙烯设备及管道如安装在室外,应采取防止阳光直接照射的措施,尤其在炎热的夏天。必要时,可在外层涂反光性较强的涂料(如银粉漆、过氯乙烯磁漆等),以延长其使用寿命。

硬聚氯乙烯塑料的优点是:耐腐蚀性能良好,除了强氧化剂(如浓硝酸、发烟硫酸等)外,能耐大部分的酸、碱、盐类溶液的腐蚀;有一定的机械强度,以及加工成型方便,焊接性能良好等。

2. 软聚氯乙烯塑料

软聚氯乙烯塑料具有较好的耐热性、耐冲击性、一定的机械强度及良好的弹性、施工方便等优点。缺点是：容易老化，故不宜用于直接受阳光照射的场所。目前在除盐系统中，多用在地沟衬里，以防腐蚀。

3. 工程塑料

工程塑料一般是指具有某些金属性能，能承受一定的外力作用，并有良好的机械性能，不易变形，而且在高、低温下仍能保持其优良性能的塑料。工程塑料的优点很多，如具有良好的抗腐蚀性、耐磨性、润滑性和柔曲性，工作温度范围较宽等。因此，近年来应用广泛，在水处理设备和系统中应用发展也很快，常用的有 ABS、PVC 等工程塑料。

五、不锈钢

不锈钢一般可分为两大类：一类是铬钢，一般在空气中能耐腐蚀，常用的有：1Cr13、2Cr13、3Cr13、4Cr13 等；另一类是铬镍钢，可在强腐蚀性介质中不受腐蚀，常用的有：1Cr18Ni9、1Cr18Ni9Ti、和 Cr18Ni12MoTi 或 Cr18Ni12MoTi 等，它们都是奥氏体钢，是非磁性材料。在水处理设备中采用的不锈钢通常为铬镍钢。

1. 铬钢

铬钢在各种浓度的硝酸中、在浓硫酸中、在过氧化氢及其他氧化性介质中，都是十分稳定的。但在盐酸、稀硫酸、氯化物水溶液中却不耐腐蚀，也不能耐沸腾温度下的磷酸及高浓度磷酸的腐蚀。

铬钢在碱溶液中，只有当温度不高时才能耐腐蚀。亚硫酸能破坏铬钢。

2. 铬镍钢

一般铬镍钢在浓度≤95%的硝酸中,当温度低于70 ℃时是稳定的;在磷酸中,只有当温度低于100 ℃,且浓度小于60%时才能耐腐蚀;而在盐酸和硫酸中则不耐腐蚀。在苛性碱中,除熔融状态外,一般都是稳定的。在碱金属及碱土金属的氯化物溶液中,即使在沸腾状态下,也是稳定的。有机酸在室温时对铬镍钢不起作用;在其他有机介质中,铬镍钢大都是稳定的。

含钼成分的铬镍钢,如 Cr18Ni12MoTi,在浓度小于50%的硝酸中、浓度小于50%硫酸中、浓度小于20%的盐酸中(室温)及苛性碱中,耐腐蚀性均高,并能有效地抑制Cl^-的点蚀。

由于不锈钢在不同条件下,对酸碱及氯化物的耐腐蚀性能不一样,故在水处理设备和系统中,选用不锈钢作为防腐材料时,要慎重考虑介质对其的影响。

六、水处理设备和管道的防腐

在水处理系统中,侵蚀性介质对水处理设备和管道的腐蚀相当严重,为了保证水处理系统的安全运行,作好水处理系统的防腐工作很重要。

在我国水处理设备的定型产品中,除盐系统的阴、阳离子交换器本体、管道、阀门、储酸箱、计量箱,以及压力式盐溶解箱等大都采用橡胶衬里进行防腐。钠离子交换器的本体有的采用橡胶衬里或涂刷环氧树脂来防腐,也有的(如自动控制软水器的交换柱)常采用不锈钢或玻璃钢材料来制造。交换器内部的进、出水装置及逆流再生设备的中排装置等,通常采用聚氯乙烯塑料或不锈钢制造,也有的用碳钢制造,采用衬胶防腐蚀。

在再生系统中,输送盐酸、碱、食盐溶液的管道和喷射器等常采用碳钢制造,内部用衬胶来防腐,也有的用质量好的工程塑料制造来防腐。由于水与浓硫酸混合时要发热,故稀释硫酸的喷射器,不宜用上述材料,可用耐酸的陶瓷或玻璃钢制作。食盐溶解槽有的用硬聚氯乙烯塑料制作,有的用钢筋水泥整体浇制。由于 Cl^- 对普通不锈钢有腐蚀作用,故酸系统和食盐溶解槽一般不宜用不锈钢材料制作。

除碳器、混疑剂溶解槽等,常用碳钢衬胶结构或用硬聚氯乙烯塑料制作。除碳器下面的中间水箱常采用衬玻璃钢或衬软质聚氯乙烯来防腐。给水箱如用钢板制作,也必须进行防腐处理,一般可在内部涂刷环氧树脂或衬玻璃钢,但如有凝结水回收且温度较高时,应注意防腐材料的耐热性。

除盐系统的排废液地沟,有的衬软聚氯乙烯塑料,有的涂沥青漆,也有的采用衬环氧玻璃钢来防腐。

附录：

《自动控制钠离子交换器技术条件》

GB/T 18300—2011

1. 范围

本标准规定了自动控制钠离子交换器（以下简称交换器）的术语和定义、分类与型号、技术要求、试验方法、检验规则及标志、包装、运输、储存等要求。

本标准适用于工作压力不大于 0.6 MPa，采用多路阀自动控制的钠离子交换器。

本标准不适用于流动床、移动床钠离子交换器，也不适用于非自动控制的钠离子交换器。

2. 规范性引用文件

下列文件中的条款通过本标准的引用而成为本标准的条款。凡是注日期的引用文件，其随后所有的修改单（不包括勘误的内容）或修订版均不适用于本标准，然而，鼓励根据本标准达成协议的各方研究是否可使用这些文件的最新版本。凡是不注日期的引用文件，其最新版本适用于本标准。

CB/T 1576—2008　工业锅炉水质

GB/T 3854　纤维增强塑料巴氏（巴柯尔）硬度试验方法

GB/T 5462　工业盐

GB/T 6909　锅炉用水和冷却水分析方法硬度的测定
GB/T 13384　机电产品包装通用技术条件
GB/T 13659　001×7强酸性苯乙烯系阳离子交换树脂
GB/T 13922.2　水处理设备性能试验第2部分离子交换设备
GB/T 15453　工业循环冷却水和锅炉用水中氯离子的测定
GB/T 50109　工业用水软化除盐设计规范
JB/T 2932　水处理设备　技术条件

3. 术语和定义

下列术语和定义适用于本标准,GB/T 13922.2 中的术语和定义也适用于本标准。

3.1　自动控制钠离子交换器 automatic control sodium ion exchanger

根据某种设定条件能够自动启动再生过程,并采用钠盐作为再生剂的离子交换器。

3.2　运行周期 service cycle

在额定出力条件下,交换器再生后,开始投运制水至失效这一周期内的累计运行时间。

3.3　工作压力 working pressure

进入交换器人口处进水的表压力。

3.4　工作温度 working temperature

介质在交换器正常工作过程的温度。

3.5　运行 servlce

水通过交换器中的离子交换树脂层,除去水中大部分或全部钙、镁离子的过程。

3.6 反洗 back wash

离子交换树脂失效后,用水由下向上清洗离子交换树脂层,使其膨胀而松动,同时清除树脂层上部的悬浮物和破碎树脂等杂质的过程。

3.7 再生 regeneration

将一定浓度的再生液以一定的流速流过失效的离子交换树脂层,使离子交换树脂恢复其交换能力的过程。

3.7.1 顺流再生 flow regeneration

再生液的流向和运行时水的流向一致。

3.7.2 逆流再生 reverse flow regeneration

再生液的流向和运行时水的流向相反。

3.8 置换 displacement

交换器停止进盐后,继续以再生时的液流流向和相近的流速注入水,使交换器内的再生液在进一步再生树脂的同时被排放出来的过程。

3.9 正洗 conventional well-flushing

置换过程结束后或者停备用交换器开始投运前,进水按运行时的流向清洗离子交换树脂层,洗去再生废液和需除去的离子,直至出水合格的过程。

3.10 自动控制多路阀 automatic control multi-way valve

一种组合为一体可形成多个不同的流体流道而不发生窜流,并以一定程序自动控制的装置。

注:本标准中简称控制器。

3.11 流量启动再生的交换器 flow control regeneration exchanger

采用流量控制器控制周期制水量,当周期制水量达到设定值时,能自动启动再生过程的交换器。

注:本标准中简称流量型。

3.12　时间启动再生的交换器 time control regeneration exchanger

采用程序控制运行周期的时间,当该时间达到设定值时,能自动启动再生过程的交换器

注:本标准中简称时间型。

3.13　出水硬度启动再生的交换器 outlet water quality control regeneration exchanger

通过硬度监测控制系统监测交换器出水硬度,当出水硬度超出设定值时,能自动启动再生过程的交换器。

注:本标准中简称在线监测型。

3.14　一级钠 one-stage sodium ion-exchange

进水只经过一次钠离子交换器的交换。

3.15　二级钠 two-stage sodium ion-exchange

进水经过二台串联的钠离子交换器,进行连续二次的钠离子交换。

3.16　顺流再生固定床 co-flow regeneration fixed bed

运行和再生时,水流和再生液都是自上而下通过离子交换树脂层的交换器。

3.17　逆流再生固定床 counter-flow regeneration fixed bed

运行时水流自上而下通过离子交换树脂层,再生时再生液由下而上流经离子交换树脂层的交换器。

3.18　浮动床 floating bed

运行时水流自下而上通过离子交换树脂层,由于向上水

流的作用树脂层被托起在交换器上部成悬浮状态,再生时再生液由上而下流经离子交换树脂层的交换器。

4. 分类与型号

4.1 分类

4.1.1 按交换器运行和再生方式分为顺流再生固定床、逆流再生固定床和浮动床三类,代号按表1规定。

4.1.2 按控制器启动再生的控制方式,分为时间型、流量型、在线监测型三类,代号按表2规定。

4.1.3 按交换罐材质不同,其分类代号按附表3规定。

附表1 交换器类型的代号

交换器类型	顺流再生固定床	逆流再生固定床	浮动床
代号	S	N	F

附表2 控制器控制方式的代号

控制器控制方式	时间型	流量型	在线监测型
代号	S	L	Z

附表3 交换罐材质的代号

交换罐材质	不锈钢	碳钢防腐	玻璃钢	其他材质
代号	B	T	F	Q

4.2 型号

4.2.1 型号表示方法

4.2.2 型号示例

自动交换器的型号示例如下:

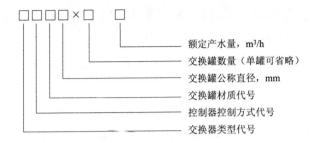

(1)浮动床自动交换器,额定产水量为 20 m³/h,采用双罐流量型控制方式,罐体材质为碳钢防腐、公称直径为 1 000 mm,其型号表示为:FLT1000×2/20;

(2)逆流再生固定床自动交换器,额定产水量为 5 m³/h,采用单罐时间型控制方式,罐体材质为玻璃钢、公称直径为 500 mm,其型号表示为:NSF500/5。

5. 技术要求

5.1 设计要求

5.1.1 交换器整机要求

5.1.1.1 工业用水软化处理的交换器设计应符合 GB/T 50109 的要求。交换器设计文件至少应包括设计图样、工艺设计计算书、安装使用说明书,设计单位应对设计文件的正确性、完整性负责。

5.1.1.2 交换器的设计压力应不小于 0.6 MPa。

5.1.1.3 交换器内的离子交换树脂层高度应根据运行周期、原水水质和出水水质要求确定。用于工业设备软水处理的固定床离子交换树脂层高一般不宜小于 800 mm;浮动床离子交换树脂层高不宜小于 1 200 mm。

5.1.1.4 顺流再生与逆流再生固定床离子交换器应有

树脂高度的 40%～50% 的反洗膨胀高度;浮动床应有 100～200 mm 的水垫层。

5.1.1.5 交换罐内应设上下布水器,布水应均匀、不产生偏流。

5.1.1.6 控制器和交换罐应根据原水水质和供水要求合理选配。时间型交换器如果自动再生最短间隔时间为一天再生一次的,应不少于 24 h 供水的交换能力。

5.1.1.7 用于锅炉等工业设备水处理的离子交换器再生过程中不允许有硬水从交换器出口流出。如果控制器有硬水旁通,应增设电磁阀,以便启动再生时自动关闭出水。

5.1.1.8 再生过程结束,转入运行时出水氯离子含量应不大于进水氯离子含量的 1.1 倍。用于工业设备软水处理的交换器再生时间不少于 30 min。

5.1.1.9 交换器出水硬度要求如下:

(1)工业用交换器再生过程结束后,出水硬度应符合 GB/T 50109 的要求,运行过程中应能保证出水硬度符合用水设备对供水硬度的要求。

(2)用于锅炉补给水处理时,应使出水硬度符合 CB/T 1576 的要求。

(3)民用交换器出水硬度可根据客户要求进行设计,但应在产品说明书中注明。

(4)当一级钠离子交换的出水硬度难以达到标准要求时,应采用二级钠离子交换。

5.1.1.10 在正常运行条件下交换器的主要技术性能指标应符含附表 4 规定的要求。

附表4 交换器主要性能指标的要求

连接系统	运行流速[a] (m/h)	反洗流速 (m/h)	再生及置换流速 (m/h)	正洗流速 (m/h)	再生液浓度[b] %	盐耗 (g/mol)	再生自耗水率 {m^3/[m^3(R)]}	工作交换容量[e] (mol/m^3)
一级钠 顺流再生	20~30	10~20	4~8	15~20	6~10	≤120	<12	≥900
一级钠 逆流再生	20~30	10~20	2~4	15~20	5~8	≤100	10[c]	≥800
一级钠 浮动床	30~50	—	2~5	15~20	5~8	≤100	<8[d]	≥800
二级钠	≤60	10~20	4~8	20~30	5~8	—	<10	—

[a] 工业用交换器运行流速上限为短时最大值;民用交换器运行流速可适当放宽,但不应影响制水质量。

[b] 再生液浓度指常温下经射流器后进入离子交换树脂层的盐水浓度。

[c] 该数值为平均再生自耗水率。

[d] 不包括体外清洗的耗水量。

[e] 指强酸性阳离子交换树脂的工作交换容量,弱酸性阳离子树脂工作交换容量≥1 800 mol/m^3

5.1.2 盐液系统

5.1.2.1 盐液罐应耐氯化钠腐蚀或采取防腐措施。

5.1.2.2 盐液罐应加盖,其有效容积应在指定的盐液浓度范围内,至少满足一台交换器一次再生用量,且便于加盐操作。

5.1.2.3 盐液罐应有良好的过滤装置,内设隔盐板。在正常加盐情况下应能使隔盐板下的盐液浓度均匀达到饱和。

5.1.2.4 盐液系统应设有空气止回阀,能在再生液吸完后有效避免空气进入交换器内的树脂层中。

5.1.2.5 再生用工业氯化钠应符合 GB/T 5462 的规定。

5.1.3 控制器

5.1.3.1 控制器在工作压力为 0.2～0.6 MPa 范围内应能正常工作,液相换位应准确无误,且不发生泄漏和窜流。

5.1.3.2 使用电压超过 36 V 的控制器,其带电回路对控制器的绝缘介电强度,应能承受交流 1 500 V 电压,历时 5 min 无击穿或闪烁现象;其带电回路对控制器外壳的绝缘电阻应不小于 5 MΩ。控制器外壳应有良好的接地保护装置。

5.1.3.3 控制器应具有手动启动再生过程的功能。

5.2 交换器的使用条件

交换器在附表 5 规定的使用条件下应能正常工作。

附表 5 交换器的使用条件

项	目	要 求
工作条件	工作压力	0.2～0.6 MPa
	进水温度	5～50 ℃
工作环境	环境温度	5～50 ℃
	相对湿度	≤95%(25 ℃时)
	适用电源	交流(220±22)V/50 Hz 或(380±38)V/50 Hz 或直流电(干电池)
进水水质	浊度	顺流再生<5FTU;逆流再生<2FTU
	游离氯	0.1 mg/L
	含铁量	<0.3 mg/L
	耗氧量(COD_{Mn})	<2 mg/L(O_2)

5.3 材质

5.3.1 制造交换器所用的各种材料(包括外购件)均应符合相应的国家标准或行业标准,并应有材料质量合格证明文件。

5.3.2 产品中所有与水直接接触的材料,在本标准规定的使用条件下,不应对水质和树脂造成污染。

5.4 制造

5.4.1 交换罐的几何尺寸及外观质量应符合设计图纸及技术文件。钢制罐体还应符合 JB/T 2932 的要求。

5.4.2 碳钢制作的交换罐内表面应有防腐涂层或衬里,并应符合 JB/T 2932 中的有关规定。

5.4.3 不锈钢制作的交换罐参照 JB/T 2932 中的有关规定,外表面应经酸洗与钝化处理。对氯离子敏感的材料制作的罐体内表面皮有防腐涂层或衬里。

5.4.4 玻璃钢罐内表面应平整光滑。罐体不应含有对使用性能有影响的龟裂、分层、针孔、杂质、贫胶区及气泡等。开口平面应和轴线垂直,无毛刺及其他明显缺陷。罐体表面的巴氏硬度:不饱和聚酯树脂不小于 36;环氧树脂不小于 50。

5.4.5 控制器的制造应符合设计图样的规定,阀体表面应光洁,阀体密封应无渗漏。

5.5 组装

5.5.1 所有零部件都应检验合格,且不应有粗糙毛边或锋利的毛刺及其他危害,并需洗净后方可组装。

5.5.2 整机组装应符合图样的规定,管道系统应平直、整齐、美观。各连接管路应密封无泄漏。

5.5.3 交换器内填装的阳离子交换树脂应符合 GB/T

13659 相应标准的要求。

6. 检验及试验方法

6.1　材料质量

交换器采用的材料应附有材料生产厂家的质量证明文件,交换器订货合同有约定时交换器制造厂应按相应标准复验检测。

6.2　交换罐检验

6.2.1　利用相应的仪器、量具等对交换罐的几何尺寸按设计图纸和技术文件的要求进行检测。

6.2.2　金属罐体的内外部表面质量以及防腐涂层或衬里质量根据 JB/T 2932 的有关规定进行检验;非金属交换罐的外部质量应符合 5.4.4 中的规定,玻璃钢罐体的巴氏硬度按 GB/T 3854 进行试验。

6.3　控制器检验与试验

6.3.1　无故障动作试验

将控制器按使用状态安装在专用试验台上,采用人工或自动控制。在 0.6 MPa 的进水压力下,模拟实际工作条件,每隔 2~5 min 切换一次,切换次数应不少于 10 000 次。以阀体密封无渗漏、各个工况工作正常、无窜流为合格。

6.3.2　控制器的绝缘介电强度和绝缘电阻试验

使用交流电源的控制器,应进行控制器的绝缘介电强度和绝缘电阻试验,试验装置容量应不小于 0.5 kV·A。试验时,先对控制器施加试验电压值的一半,然后迅速升高至试验电压值并保持 5 min,用兆欧表测试控制器的带电回路与外壳的绝缘电阻值,其结果应符合 5.1.3.2 的规定。

6.4 耐压试验

6.4.1 交换罐和控制器应按附表6的要求分别进行耐压试验。

附表6 耐压试验要求

部件	流体静压试验	循环压力试验（仅对非金属部件）	爆破压力试验（仅对非金属部件）
交换罐	1.5倍最大工作压力下测试30 min	0～1.25倍最大工作压力循环100 000次	4倍最大工作压力
控制器	2.4倍最大工作压力下测试30 min	0～1.25倍最大工作压力循环100 000次	4倍最大工作压力

6.4.2 耐压试验的水温应能保证试验装置表面不会出现冷凝状态。

6.4.3 各项压力试验应分别在专用的试验设备上独立进行。试验时将测试部件（包括进口和出口接头等）按使用状态安装在试压设备上，并采取冲刷的方式向试验装置注水，以排尽装置内的空气。注满水后，封堵各出水口，按以下方法分别进行各项压力试验：

（1）流体静压试验：从进水口以不大于0.2 MPa/s的速度恒速增加流体静压，在5 min内达到附表4-6规定的试验压力。保压30 min。在整个试验期间定时检查装置，应无漏水情况。

（2）循环压力试验：将计数器清零或记录初始读数，然后按附表4-6的要求进行0～1.25倍最大工作压力的循环试验。增压至最大试验压力后立即泄压（即保压时间不大于1 s），并在下一个循环开始前恢复到<0.014 MPa。每次从升压至泄压的循环持续时间，对于测试部件直径大于33 cm的不应超过7.5 s；直径小于或等于33 cm的不应超过5 s。

整个试验期间应定时检查系统各部位应无泄漏。

(3) 爆破压力试验:通过水泵连接供水系统,以不大于 0.2 MPa/s 的速度恒速增加流体静压,在 70 s 内达到附表 4-6 规定的爆破试验压力,保持片刻(约 3~5 s)后泄压,测试部件不应破裂和渗漏。

注意:爆破试验装置应根据测试的最高压力配备螺纹接口,并应有安全防护措施,防止受压部件受到破坏时造成人员伤害或财产损失。

6.5 交换器性能试验

组装完毕的交换器按 5.2 使用条件的规定,接通进水后进行性能试验。

6.5.1 水压试验

交换器经 1.5 倍设计压力的水压试验不得渗漏。试验条件应符合 JB/T 2932 的规定。

6.5.2 空气止回性能

在交换器进盐液状态下,吸完盐水时,检查空气止回阀及盐液连接管路,不应有空气进入。

6.5.3 盐水液位控制性能

交换器在重注水状态时,在 0.2~0.6 MPa 工作压力范围内,盐罐注水的液位应控制在设定的高度。对设有液位控制器的交换器,液位控制器不得泄漏或提前关闭。

6.5.4 交换器各工位流速

测量并记录交换器在各个工位时单位时间内流出的水量,计算交换器在运行、反洗、再生、置换及正洗时的流速应符合附表 4-4 的规定及设计要求。在整个测试过程中应注意检查各状态下的出水,不得有离子交换树脂漏出。

6.5.5 交换器出水水质

6.5.5.1 将交换器运行流速调整至额定出力,按 GB/T 6909 规定的方法测定出水硬度,应能符合设计要求。用于工业锅炉补给水处理的交换器,应符合 GB/T 1576 对于各类锅炉给水硬度的要求。

6.5.5.2 再生过程结束转入运行时,按 GB/T 15453 规定的方法测定出水氯离子含量,应不大于进水氯离子含量1.1倍。

6.5.6 再生液浓度测试

将交换器按照使用状态安装在专用的试验设备上,将控制器调节至吸盐状态,调整进水压力,分别在 0.2 MPa、0.4 MPa、0.6 MPa 压力下,测定单位时间内盐液罐内饱和盐液减少体积 V_0 和交换器排水口排出液体积 V_1,按下式计算盐液(再生液)浓度。该数值应符合附表4-4的规定。

$$C = \frac{V_0}{V_1} \times C_0$$

式中:C——经射流器稀释后的盐液浓度,%;

C_0——盐液罐内盐液的浓度,%;

V_0——单位时间内盐液罐内盐液减少体积,L;

V_1——单位时间内排水口排出液的体积,L。

6.5.7 盐耗和再生自耗水率测定

按 CB/T 13922.2 的要求测定交换器的盐耗和再生自耗水率,应符合附表4-4的规定。

7. 检验规则

7.1 检验分类与检验项目

7.1.1 交换器主要部件和整机的检验分为型式试验和出厂检验,检验项目和要求见附表7。

附表7 检验项目和要求

	项目	要求	检验类别 出厂检验	检验类别 型式试验	试验方法
部件	材质	5.3	√	√	6.1
交换罐	几何尺寸及内外部表观	5.4.1	√	√	6.2.1
交换罐	防腐涂层及衬里	5.4.2 5.4.4		√	6.2.2
交换罐	流体静压试验	附表6		√	6.4.3
交换罐	爆破压力试验	附表6		√	6.4.3
交换罐	循环压力试验	附表6		√	6.4.3
控制器性能	无故障动作试验	6.3.1		√	6.3.1
控制器性能	绝缘介电强度和绝缘电阻	5.1.3.2	√	√	6.3.2
控制器性能	流体静压试验	附表6		√	6.4.3
控制器性能	爆破压力试验	附表6		√	6.4.3
控制器性能	循环压力试验	附表6		√	6.4.3
整机性能	水压试验	6.5.1	√	√	JB/T 2932
整机性能	空气止回性能	6.5.2	√[a]	√	6.5.2
整机性能	盐水液位控制性能	6.5.3	√[a]	√	6.5.3
整机性能	各工位流速	附表4		√	6.5.4
整机性能	出水水质(硬度和氯离子)	6.5.5	√	√	GB/T 6909 GB/T 15453
整机性能	再生液浓度	附表4		√	6.5.6
整机性能	再生剂耗量及自耗水率	附表4		√	GB/T 13922

[a] 专用于民用软水处理的交换器空气止回性能和盐水液位控制性能的出厂检验,按每批次1%抽样(且不少于一台)检测。

7.1.2 出厂检验应逐台进行。有下列情况之一时应从出厂检验合格品中任意抽取一台进行型式检验：

(1)老产品转厂生产或新产品的试制定型鉴定；

(2)结构、材料、工艺有重大改变，可能影响产品性能时；

(3)停产一年以上，恢复生产时；

(4)正常生产时间达 24 个月时；

(5)国家质量监督机构提出要求时。

7.2 检验要求

7.2.1 交换器的交换罐和控制器应由制造单位的检验部门检验合格，并出具合格证书后方能出厂。检验人员应对检验报告的正确性和完整性负责。

7.2.2 交换器组装单位或供应商应对交换器整机性能及质量负责。整机性能的出厂检验也可在使用现场进行，但应在检验和调试合格，并出具检验合格证书和调试报告后才能交付使用。

7.3 检验判定规则

7.3.1 每台交换器按 7.1 规定的出厂检验项目和要求进行检验，如有任何一项不符合要求时，判定该台交换器为出厂检验不合格。

7.3.2 型式检验符合 7.1 规定时，判定为合格，若有任何一项不符合要求时，则判定型式检验不合格。

8. 标志、包装、运输和储存

8.1 标志

8.1.1 产品铭牌应固定在交换器的明显部位，铭牌应包括下列内容：

(1)制造厂名称、地址;

(2)制造厂注册登记编号;

(3)产品名称及型号;

(4)主要技术参数,如额定出水量、工作压力、工作温度等;

(5)产品出厂编号和制造日期;

8.2 包装

8.2.1 包装前应清除筒体内积水,所有接管口应进行封堵。

8.2.2 包装应符合 GB/T 13384 的规定。

8.2.3 包装箱外壁应注明以下内容:

(1)收货单位、详细地址;

(2)制造厂名称、地址、电话;

(3)产品名称、型号;

(4)外形尺寸;

(5)质量(重量);

(6)防潮、小心轻放、不得倒置、防压等图示标志。

8.2.4 随机技术文件应装入防水袋内,与产品一起装入包装箱内。技术文件应包括下列资料:

(1)产品设计图样(总图、管道系统图);

(2)工艺设计计算书;

(3)产品质量证明书(其中包括:型式试验报告和出厂检验报告);

(4)安装使用说明书;

(5)装箱清单。

8.3 运输和储存

8.3.1 吊装运输过程中应轻装轻卸,防止振动、碰撞及机械损伤。

8.3.2 衬胶产品在低于5℃温度下运输时,要采取必要的保温措施,防止胶板产生裂纹。

8.3.3 吊装有防腐衬里的产品时,不得使壳体发生局部变形,以免损坏衬里层。

8.3.4 产品应存放在清洁、干燥、通风的室内。